中国地质大学（武汉）中央高校基本科研业务费项目（CUGCJ1817）
湖北省自然科学基金项目（2020CFB725） 联合资助

岩浆热液脉型钴矿成矿作用
——以江南造山带中段井冲矿床为例

MINERALIZATION OF MAGMATIC-HYDROTHERMAL COBALT VEINS:
A CASE STUDY OF THE JINGCHONG Co-Cu DEPOSIT IN THE CENTRAL
JIANGNAN OROGENIC BELT

李艳军　王　川　陕　亮　著

内容摘要

钴是重要的战略性关键矿产之一。岩浆热液脉型是我国钴矿床的一种重要类型,但目前有关钴的赋存状态、与岩浆活动的成因关系及富集机制等研究仍不够深入。以江南造山带中段井冲钴铜矿床为研究对象,在野外系统地质调查基础上,笔者开展了花岗岩锆石 U-Pb 定年、岩石地球化学、Sr-Nd-Hf-Pb 同位素、矿石流体包裹体测温、H-O 同位素、硫化物微观结构、EPMA 成分、LA-ICPMS 微量元素、LA-MC-ICPMS 微区 S 同位素、单矿物 Pb 同位素等系列测试分析。确定该矿床为与约 130 Ma 岩浆活动有关的热液脉型钴铜矿床,同时钴主要以细粒钴独立矿物——辉砷钴矿形式与细粒黄铁矿、黄铜矿和闪锌矿等硫化物共生,另有少量以类质同象形式和微粒状包裹体存在于黄铁矿中,提出了溶解-再沉淀两阶段钴富集机制并建立了成矿模式。

该成果可为同类型钴矿床成矿作用研究提供思路,也可为钴矿勘查提供参考。本书可供科研院所、生产单位等钴矿科研和勘查人员作为参考书,同时也可供钴矿开发及加工企业作为专业参考书。

图书在版编目(CIP)数据

岩浆热液脉型钴矿床成矿作用:以江南造山带中段井冲矿床为例/李艳军,王川,陕亮著.—武汉:中国地质大学出版社,2024.10.—ISBN 978-7-5625-5972-6

Ⅰ.P618.62

中国国家版本馆 CIP 数据核字第 2024PJ3483 号

岩浆热液脉型钴矿成矿作用
——以江南造山带中段井冲矿床为例

李艳军 王 川 陕 亮 著

责任编辑:韦有福	选题策划:韦有福	责任校对:张咏梅
出版发行:中国地质大学出版社(武汉市洪山区鲁磨路388号)		邮政编码:430074
电 话:(027)67883511	传 真:(027)67883580	E-mail:cbb@cug.edu.cn
经 销:全国新华书店		http://cugp.cug.edu.cn
开本:787mm×1092mm 1/16	字数:250 千字	印张:9.75
版次:2024 年 10 月第 1 版	印次:2024 年 10 月第 1 次印刷	
印刷:湖北新华印务有限公司		
ISBN 978-7-5625-5972-6		定价:88.00 元

如有印装质量问题请与印刷厂联系调换

前 言

钴具备铁磁性、高熔点、低导热性和导电性等多种优势,在新能源产业、军事和航空等多个领域得到了广泛应用,被视为一种新兴的战略性矿产资源。钴成矿特点和富集机制研究已成为当前国际矿床学研究的热点之一。世界上已探明的钴矿资源超过90%分布在刚果金、澳大利亚、古巴等少数几个国家。我国已探明的钴储量仅占全球的1.1%,资源供给形势严峻,亟需开展钴矿成矿作用和勘查研究,提高我国钴矿资源安全保障能力。

热液脉型是钴矿床的重要类型之一,成矿与岩浆活动具有密切的时空及成因关系。笔者选取江南造山带中段井冲钴铜矿床为研究对象,在矿床地质调查和矿化特征分析基础上,开展了成岩年代学、岩石学、矿物学及同位素地球化学等分析,确定矿床成因类型并建立成矿模式。本研究取得的主要成果及认识如下:

(1)井冲钴铜矿体主要赋存于长沙-平江断裂带(长-平断裂带)主干断裂 F_2 下盘热液蚀变构造角砾岩带内,呈现典型的"上部铅锌、下部铜钴"矿化分带。主要矿石矿物为黄铁矿、黄铜矿、闪锌矿和辉砷钴矿。成矿过程可划分为石英-粗粒黄铁矿(PyⅠ)、钴铜硫化物和石英-碳酸盐岩3个成矿阶段。

(2)精确厘定连云山复式岩体中花岗闪长岩年龄为 $150±1$ Ma,而脉状花岗斑岩 $^{206}Pb/^{238}U$ 下交点年龄为 $131±1$ Ma。花岗质岩类具有高 SiO_2 和 Al_2O_3、富碱低 MgO 特征,属于弱—强过铝质钙碱性—高钾钙碱性岩系。花岗闪长岩 $\varepsilon_{Nd}(t)$ 值为 $-10.50\sim-9.82$,$T_{2DM}(t)$ 值为 $1.8\sim1.7$ Ga,花岗斑岩 $\varepsilon_{Nd}(t)$ 和 $T_{2DM}(t)$ 值分别为 $-10.72\sim-10.53$ 和 $1.8\sim1.7$ Ga。晚侏罗世锆石 $\varepsilon_{Hf}(t)$ 值为 $-15.9\sim0.1$,T_{DM2} 值为 $1772\sim992$ Ma;早白垩世锆石 $\varepsilon_{Hf}(t)$ 值为 $-11.4\sim-9.6$,T_{DM2} 值为 $1562\sim1467$ Ma。Hf 同位素组成主要位于新元古界冷家溪群继承锆石中上部,甚至部分接近球粒陨石值,表明主要由冷家溪群部分熔融而成,但有部分幔源物质加入。区域构造和岩石地球化学等特征表明连云山岩体形成于伸展构造背景。

(3)野外地质调查和显微鉴定过程中发现了辉砷钴矿,呈他形粒状结构,粒径主要为 $5\sim40$ μm,与细粒黄铁矿(PyⅡ)、黄铜矿和闪锌矿共生。电子探针(EPMA)成分中 Co 含量为 $24.08\sim34.83$ wt.%,As 含量为 $30.70\sim44.03$ wt.%,S 含量为 $20.83\sim27.44$ wt.%,分子式为 $Co_{0.48\sim0.59}Fe_{0.02\sim0.09}As_{0.52\sim0.59}S_{0.65\sim0.73}$(CoAsS)。PyⅠ 和 PyⅡ 中 Co 含量分别为 $0.01\sim0.65$ wt.% 和 $0.01\sim0.73$ wt.%。LA-ICPMS 剥蚀信号曲线揭示 PyⅠ 中 Co 主要以类质同象形式存在,而 PyⅡ 中 Co 主要以硫砷化物微包裹体形式存在,少量为类质同象。

(4) 井冲钴铜矿床 PyⅡ Rb-Sr 等时线年龄为 130±2 Ma($R^2=0.999$)，与花岗斑岩脉形成时代一致。主成矿阶段石英中流体包裹体主体为富液相，均一温度范围为 134~305℃，盐度变化范围为 0.35~11.7 wt.% $NaCl_{eqv}$。δD_{H_2O} 为 -67.9‰~-64.1‰，计算后的 $\delta^{18}O_{H_2O}$ 为 -1.4‰~1.0‰，表明成矿流体主体为岩浆热液来源，但有少量大气降水的加入。硫化物微区 S 同位素组成为 -5.20‰~-0.32‰，主要来源于岩浆。这些硫化物总体显示 $\delta^{34}S_{Sp}>\delta^{34}S_{PyⅡ}>\delta^{34}S_{PyⅠ}>\delta^{34}S_{Ccp}$ 特征，随矿物沉淀呈现先升高后降低趋势，这主要由氧逸度降低所致。PyⅡ的 Pb 同位素组成为 $^{206}Pb/^{204}Pb=18.186$~18.372，$^{207}Pb/^{204}Pb=15.611$~15.686 和 $^{208}Pb/^{204}Pb=38.550$~38.788，与黄铜矿 ($^{206}Pb/^{204}Pb=18.330$~18.746，$^{207}Pb/^{204}Pb=15.642$~15.741，$^{208}Pb/^{204}Pb=38.687$~39.150) 及连云山复式花岗岩体全岩 Pb 同位素校正值 [$(^{206}Pb/^{204}Pb)_t=18.247$~18.360，$(^{207}Pb/^{204}Pb)_t=15.626$~15.701，$(^{208}Pb/^{204}Pb)_t=38.540$~38.733] 一致，显示了密切的成岩成矿作用成因关系。PyⅠ 和 PyⅡ Co/Ni 比值分别为 8.04 和 443.9，均为岩浆热液成因，高的 Co/Ni 比值可能与样品相对成矿岩体的空间位置有关。闪锌矿 Fe($45\,346\times10^{-6}$~$89\,809\times10^{-6}$) 含量较高而 Cd(372.2×10^{-6}~548.4×10^{-6}) 含量低，Cd/Fe 比值为 0.005~0.009，Ga/In 比值为 0.13~13.2，指示为中温岩浆热液成因。综合流体包裹体、多元同位素及微区矿物学结果，确定井冲钴铜矿床为与早白垩世花岗质岩浆活动相关的热液脉型矿床。

(5) 确定了 Co 两个阶段沉淀富集机制：第一阶段 Co 主要以类质同象形式、少量以钴硫化物微包裹体形式包裹于 PyⅠ中；第二阶段，PyⅠ被成矿流体交代发生了溶解-再沉淀作用，钴硫化物被硫砷化物取代，Co 以硫砷化物形式富集沉淀，形成独立的辉砷钴矿。部分 Co 以硫砷化物微包裹体形式或以类质同象形式赋存于 PyⅡ中。

(6) 根据成岩成矿时空和成因关系，建立了井冲钴铜矿床成矿模式。早白垩世（约 131 Ma），湘东北地区深部以壳源熔融为主的花岗质岩浆沿着北东向伸展构造上涌，演化后期分异出富含 Co-Cu-Pb-Zn 等热液流体并运移至有利赋矿位置，成矿流体混合造成温度等物理化学条件改变使 PyⅠ、毒砂和磁黄铁矿等矿物开始逐渐形成。稍后的钴铜硫化物阶段氧逸度降低导致流体 S 同位素升高，同时温度进一步降低促使 As 活性升高，Co 以辉砷钴矿形式与 PyⅡ 和闪锌矿、黄铜矿等硫化物共生或以硫砷化物微包裹体形式赋存于 PyⅡ中。

(7) 系统总结了井冲钴铜矿床成矿要素，指出花岗斑岩脉或隐伏的同时代花岗岩是矿床形成的先决条件，长-平断裂带及次级断裂是主要控岩控矿构造，控制了矿体的就位及展布规律。结合区域地质背景和同类型矿床产出特征，提出地表铅锌矿体露头、与成矿有关的硅化和绿泥石化、辉砷钴矿和黄铁矿等矿物特征，长-平断裂带主干断裂下盘热液构造角砾岩带是钴铜矿床重要的地质找矿标志。

本研究是中国地质大学（武汉）中央高校基本科研业务费"地学长江计划"核心项目群 (CUGCJ1817)（李艳军主持）和湖北省自然科学基金项目"湘东北井冲-横洞钴多金属矿集区 Co 赋存状态及富集"(2020CFB725)（陕亮主持，李艳军为骨干成员）联合资助的成果。项目实施过程中，中国地质大学（武汉）资源学院魏俊浩教授、谭俊教授、付乐兵副教授、张道涵副教授、赵志新副教授和石文杰讲师等参与了讨论,他们为本研究提供了许多参考建议。中国地质调查局武汉地质调查中心实验室谭娟娟正高级工程师等在硫化物电子探针测试及扫面等分析方面给予了帮助。野外地质过程中,湖南省地质灾害调查监测所董国军总工程师、宁钧陶副总工程师、康博院长和周岳强博士,浏阳市鑫磊矿业开发公司唐狮象矿长等提供了帮助。此外,研究生刘泉、季浩、杨紫文等参与了野外地质调查、室内测试分析及部分图件制作等工作。在此一并表示诚挚的感谢!

本书共分为 8 章,第一章由李艳军完成,第二章由李艳军和陕亮完成,第三章由王川和陕亮完成,第四章至第七章由李艳军和王川完成,第八章由李艳军完成。最后由李艳军统稿并系统修订。

由于笔者水平和精力有限,书中可能存在不妥或不完善之处,敬请批评指正。

李艳军 等

2024 年 3 月

目　录

第一章　绪　论 (1)

第一节　选题研究意义 (1)
一、选题来源及研究目的 (1)
二、选题意义 (1)

第二节　矿床类型及热液脉型钴矿床研究现状 (2)
一、钴矿床主要类型及特征 (2)
二、热液脉型钴矿床成矿作用研究进展 (3)

第三节　江南造山带中段钴矿床成岩成矿作用研究进展 (5)

第四节　研究内容、方法及技术路线 (7)
一、研究内容 (7)
二、研究方法 (7)
三、技术路线 (7)

第五节　分析测试方法 (9)
一、TIMA 集成矿物分析 (9)
二、EDS 能谱 (9)
三、EPMA 电子探针 (9)
四、锆石 U-Pb 定年 (9)
五、流体包裹体测温 (10)
六、主微量元素测试 (10)
七、Sr-Nd 同位素 (10)
八、Pb 同位素测试 (11)
九、原位 Hf 同位素测试 (11)
十、石英 H-O 同位素测试 (11)
十一、硫化物微区 S 同位素测试 (12)
十二、硫化物微区微量元素测试 (12)

第二章　区域地质背景 (13)

第一节　区域地层 (14)

一、古元古界 ·· (15)
　　二、新元古界 ·· (17)
　　三、古生界 ··· (19)
　　四、中生界 ··· (20)
　　五、新生界 ··· (21)
　第二节　区域构造 ·· (21)
　　一、断裂 ·· (21)
　　二、褶皱 ·· (22)
　第三节　区域岩浆岩 ·· (23)
　　一、侵入岩 ··· (23)
　　二、火山岩 ··· (25)
　第四节　区域矿产 ·· (26)

第三章　矿床地质特征 ··· (27)
　第一节　地　层 ··· (27)
　　一、新元古界冷家溪群 ·· (27)
　　二、中—上泥盆统 ·· (28)
　　三、上白垩统 ·· (29)
　第二节　构　造 ··· (29)
　第三节　岩浆岩 ··· (30)
　第四节　矿体地质特征 ·· (31)
　　一、矿体特征 ·· (31)
　　二、矿石特征 ·· (34)
　　三、围岩蚀变 ·· (37)
　　四、成矿阶段划分 ·· (38)

第四章　钴赋存状态 ·· (39)
　第一节　TIMA 集成矿物分析 ··· (39)
　第二节　EDS 能谱分析 ··· (42)
　第三节　电子探针成分分析 ·· (46)
　第四节　黄铁矿 LA-ICPMS 剥蚀信号曲线特征 ··· (60)
　第五节　讨　论 ··· (61)

第五章　花岗岩成岩时代及地球化学特征 ·· (63)
　第一节　成岩时代 ·· (63)
　　一、黑云母花岗闪长岩 ·· (63)

二、花岗斑岩脉 …………………………………………………………………（65）
　　三、成岩年代学意义 ……………………………………………………………（65）
第二节　岩石主微量元素特征 ………………………………………………………（73）
　　一、主量元素特征 ………………………………………………………………（73）
　　二、微量元素特征 ………………………………………………………………（73）
第三节　全岩 Sr-Nd-Pb 同位素特征 ………………………………………………（79）
第四节　锆石 Hf 同位素特征 ………………………………………………………（81）
第五节　岩石成因 ……………………………………………………………………（88）
　　一、岩石类型 ……………………………………………………………………（88）
　　二、岩浆源区性质 ………………………………………………………………（89）
第六节　构造背景 ……………………………………………………………………（92）

第六章　矿床地球化学特征 ……………………………………………………（94）

第一节　成矿时代 ……………………………………………………………………（94）
第二节　硫化物微区微量元素特征 …………………………………………………（95）
　　一、黄铁矿微量元素特征 ………………………………………………………（95）
　　二、闪锌矿微量元素特征 ………………………………………………………（99）
第三节　流体包裹体特征 ……………………………………………………………（101）
第四节　H-O 同位素特征 ……………………………………………………………（106）
第五节　S 同位素特征 ………………………………………………………………（107）
第六节　Pb 同位素特征 ………………………………………………………………（109）

第七章　矿床成因及成矿模式 …………………………………………………（111）

第一节　成岩成矿作用关系 …………………………………………………………（111）
　　一、时空关系 ……………………………………………………………………（111）
　　二、成矿流体关系 ………………………………………………………………（112）
　　三、成矿物质关系 ………………………………………………………………（112）
第二节　矿床成因类型 ………………………………………………………………（116）
　　一、成矿温度确定 ………………………………………………………………（116）
　　二、同位素地球化学制约 ………………………………………………………（117）
　　三、黄铁矿微区矿物学证据 ……………………………………………………（117）
　　四、闪锌矿微区矿物学证据 ……………………………………………………（119）
　　五、成因类型 ……………………………………………………………………（120）
第三节　富集机制 ……………………………………………………………………（122）
第四节　成矿模式 ……………………………………………………………………（124）
第五节　勘查指示 ……………………………………………………………………（125）

一、成矿要素 ……………………………………………………………（125）
　　二、地质找矿标志 ………………………………………………………（126）
第八章　结论及创新点 ………………………………………………………（128）
　第一节　结　论 …………………………………………………………（128）
　第二节　创新点 …………………………………………………………（130）
主要参考文献 …………………………………………………………………（131）

第一章 绪 论

第一节 选题研究意义

一、选题来源及研究目的

本研究成果来源于中国地质大学(武汉)中央高校基本科研业务费"地学长江计划"核心项目群项目(CUGCJ1817)及湖北省自然科学基金项目"湘东北井冲-横洞钴多金属矿集区 Co 赋存状态及富集"(2020CFB725),所选研究对象为江南造山带中段井冲钴铜矿床。

笔者在详细分析区域地质背景及矿床地质特征调查基础上,对井冲钴铜矿区内及外围主要侵入岩开展年代学、主微量元素、全岩 Sr-Nd-Pb 同位素和锆石 Hf 同位素测试,确定岩石成因及构造背景;利用 TIMA、EDS、EPMA 和 LA-ICPMS 等微观技术手段分析 Co 赋存状态;开展石英流体包裹体测温、H-O 同位素、黄铁矿 Pb 同位素、黄铁矿和闪锌矿微量元素及微区 S 同位素等测试,研究成矿流体和成矿物质来源;并结合前人相关成果系统分析成岩成矿作用,确定矿床成因并建立成矿模式,总结成矿要素和地质找矿标志,指导区域钴铜矿床勘查工作。

二、选题意义

钴(Co)是生产耐热合金、硬质合金、防腐合金和磁性合金的重要原材料(王京等,2019),主要用于生产可充电电池阴极和喷气式飞机涡轮发动机的高温合金(Schulz et al.,2017),对现代工业、军事发展和社会进步具有重要意义,早在 2016 年就被列为我国战略性矿产(中华人民共和国国土资源部,2016)。然而我国钴矿资源极度缺乏,截至 2021 年全国钴储量为 13.74 万 t(中华人民共和国自然资源部,2021),不足全球储量的 2%(约 760 万 t,美国地质调查局,2022),进口依赖度达 96%(Gulley et al.,2019)。我国钴矿床储量小、品位低等资源禀赋特征使钴相关行业面临原材料及中间产物供应不足的巨大风险。

我国钴矿床分布范围较广,集中分布于四川、甘肃、吉林、新疆、青海、山西、云南和海南等地(丰成友等,2004)。近年来,湘东北地区井冲、横洞和金塘等钴(铜)矿床的发现,使江南造山带中段成为一个重要的热液型钴矿有利成矿区,钴总储量超过 2 万 t(Wang et al.,2017)。钴主要与铜矿床伴生,少量形成独立钴矿床。

井冲钴铜矿床以往研究多集中在矿床地质特征、成矿岩体和成矿温度等方面(许德如等,2009,2017;易祖水等,2010;Wang et al.,2017;刘萌等,2018;颜志强等,2018;张鲲等,2019),对钴赋存状态、成矿流体及成矿物质来源等也开展了部分研究(Wang et al.,2017;刘萌等,2018;Wang et al.,2022),但对成岩成矿作用关系及成矿模式研究甚少。本次研究针对井冲钴铜矿床利用微区分析手段重点开展钴赋存状态、成岩成矿作用关系及成矿模式研究,这将对江南造山带中段热液型钴矿床成矿作用研究及勘查工作具有重要参考和指导意义。

第二节　矿床类型及热液脉型钴矿床研究现状

一、钴矿床主要类型及特征

世界钴矿床主要类型为沉积岩赋矿层控型 Cu-Co 矿床、岩浆 Ni-Cu-Co(-PEG)硫化物矿床和风化型 Ni-Co 矿床(美国地质调查局,2022)。沉积岩赋矿层控型 Cu-Co 矿床与氧化性红层共生(Hayes et al.,2015),具有规模大、品位高的特点(赵俊兴等,2019),其钴储量和产量分别占全球的 41% 和 60%(Schulz et al.,2017;Vasyukova and Williams-Jones,2022)。铜、钴矿体主要呈层状或似层状产于沉积盆地碎屑岩或碳酸盐岩中(Hitzman et al.,2012)。典型矿床如刚果(金)Kamoto、KOV 和 Tenke Fungurume(El Desouky et al.,2009;Fay and Barton,2012)及赞比亚 Nkana(Brems et al.,2009)矿床。风化型 Ni-Co 矿床常见于蛇纹岩化超基性岩之上,多与铝土矿,红土型-Au、-Fe、-Ni 矿床共生(Freyssinet et al.,2005),大多数矿床具多期成矿特征(Butt and Cluzel,2013),钴储量和产量分别占全球的 36% 和 15%(Schulz et al.,2017)。该类型矿床钴主要赋存于钴土矿、铁氢氧化物及锰氢氧化物中(Brand et al.,1998)。风化型 Ni-Co 矿床多发育在纬度 26°以内赤道附近(Schulz et al.,2017),如澳大利亚 Murrin(Gaudin et al.,2005)、新喀里多尼亚 Goro(Wells et al.,2009)和喀麦隆 Nkamouna(Lambiv et al.,2013)矿床等。岩浆 Ni-Cu-Co(-PEG)硫化物矿床大多位于大陆边缘裂谷、汇聚边缘带、造山带、岛弧、蛇绿岩带内(Naldreet et al.,2004;钱壮志等,2015),与基性—超基性岩浆结晶分异和熔离作用有关(汤中立,1996;Schulz et al.,2017),钴储量和产量分别占全球的 15% 和 23%(Schulz et al.,2017)。钴主要赋存于含钴镍黄铁矿中,少量赋存于菱锌矿中(秦克章等,2007;Schulz et al.,2017)。典型矿床包括加拿大 Voisey's Bay(Naldrett et al.,2000)和 Dumont 矿床(Ames et al.,2007)、俄罗斯 Noril'sk-Talnakh 矿床(Naldrett,2004)等。

与世界主要钴矿床类型不同,我国钴矿床主要类型为岩浆型 Ni-Cu-Co 硫化物矿床、热液钴多金属矿床、沉积岩赋矿层控型 Cu-Co 矿床和风化型 Ni-Co 矿床(丰成友等,2004;Feng and Zhang,2004;张洪瑞等,2020),但钴资源以岩浆型(45%)和热液型(40%)为主(苏本勋等,2023)。我国岩浆型 Ni-Cu-Co 硫化物矿床根据构造环境差异可分为产在汇聚板块边缘与基性—超基性侵入岩有关的硫化物矿床,如新疆图拉尔根矿床(Zhao et al.,2017;张铭杰等,2020)、青海夏日哈木矿床(Wang et al.,2019;Han et al.,2021)、吉林红旗岭矿床(Xi et al.,2007;吕林素等,2017)、甘肃金川矿床(邱根雷等,2011;Tang et al.,2018),以及板内环境与大陆流溢玄武岩有关的钒钛磁铁矿矿床,如四川攀枝花矿床、白马矿床等(陈廷愚等,1986)。沉积岩赋矿层控型 Cu-Co 矿床在我国发现较少,主要分布在滇中、吉南和辽东一带,如云南永平厂街矿床(薛步高,2009)、吉林大横路矿床(田丰等,2017)和辽宁营口矿床等(刘培栋,2008)。我国风化型红土 Ni-Co 矿床主要分布于南方炎热、潮湿、高降雨量地区,可分为橄榄玄武岩风化作用形成(如海南蓬莱矿床、安定居丁矿床)和超基性岩体风化作用形成两种类型(如云南元江-墨江矿床;薛步高,2009)。热液型钴矿是我国重要的钴矿类型(丰成友等,2004;张洪瑞等,2020),钴矿体多呈层状、似层状、透镜状产于造山带及裂陷带中,受地层、岩性和构造控制显著,包括矽卡岩型,如西藏甲玛、浦桑果等矿床(Li et al.,2020a;王硕等,2024),青海肯德可克矿床(Huang et al.,2014;陶诗龙等,2015)和湖北大冶铜绿山矿床(Duan and Jiang,2017),火山块状硫化物型(青海德尔尼矿床;焦健刚等,2009),海底喷流沉积型(青海驼路沟矿床;Jiang et al.,2006),斑岩型(西藏玉龙和黑龙江金厂矿床;丰成友等,2004;Feng et al.,2004;张洪瑞等,2020;曹明坚等,2022;陈奇等,2022;单鹏飞等,2023)和热液脉型(云南白秧坪矿床;刘家军等,2010)等多个亚类。

二、热液脉型钴矿床成矿作用研究进展

富钴热液脉型是钴矿床的一种重要类型,仅摩洛哥 Bou Azzer 矿床就提供了世界约 2% 的钴资源量(Scharrer et al.,2022;Vasyukova and Williams-Jones,2022;Williams-Jones and Vasyukova,2022),而且是世界上能独立开采的唯一钴矿床类型,其他均为伴生矿床(Vasyukova and Williams-Jones,2022)。热液脉型钴矿床主要受断裂和裂隙控制,矿体呈脉状产于元古宙或更年轻的变沉积岩或变火成岩内,部分矿床呈似层状产出于多种岩性中(Scharrer et al.,2019;Vasyukova and Williams-Jones,2022)。甚至部分其他类型钴矿床中叠加有热液脉型钴矿体,如中非铜钴矿带中除了层状矿床外还有大量脉状钴矿床(Cailteux et al.,2005),我国海南石碌铁钴铜矿床(Wang et al.,2015)和山西中条山沉积岩容矿型铜钴矿床(邱正杰等,2023)中均叠加有热液脉型钴矿体。此外,部分矿床具有特征的 Ag-Ni-Co-As-Bi 五元素组合,也被称为"五元素"脉(five-element veins)(Scharrer et al.,2019;Scharrer et al.,2022;Vasyukova and Williams-Jones,2022),典型的有英国 Cornwall 矿田、德国 Ore Mountains 矿田、俄罗斯 Abakan 矿集区(Scharrer et al.,2019)和摩洛哥 Bou Azzer 矿床(Ahmed et al.,2009)。国内最近也有广西龙华"五元素"脉状镍钴矿床报道(Huang et al.,2020;杨奇获等,2023)。热液脉型钴矿床形成的地质背景多样(Scharrer et al.,2019),以高品位著称(Ahmed et al.,2009),常见多阶段成矿(Kissin,1992;Schulz et al.,2017;王辉等,2019)。矿石矿物主要为方钴矿、方砷钴矿、辉砷镍矿、斜方砷镍矿、毒砂、

黄铁矿、磁黄铁矿、自然铋和辉银矿等，脉石矿物主要为石英、方解石和萤石（Schulz et al.，2017）。

除部分矿床（如阿根廷 Purísima-Rumicruz Ni-Co-Fe 矿床；López et al.，2022）被认为与岩浆活动无关外，热液脉型钴矿床大多被识别出与基性—超基性岩或酸性岩有关。如兰坪盆地边缘的白秧坪钴多金属矿床与深部隐伏岩体有关（刘家军等，2010；冯彩霞等，2011）、江南造山带中的长-平断裂带中的钴矿床与连云山复式花岗岩体有关（Wang et al.，2017；刘萌等，2018；陕亮等，2019b；Wang et al.，2022；宁钧陶等，2023；Gan et al.，2023；Peng et al.，2023），甚至陕西煎茶岭 Ni-Co 矿床（代军治等，2014；Jiang and Zhu，2017）和内蒙古嘎仙 Ni-Co 矿床（王玉往等，2016；李德东等，2018）中矿体尽管以细脉状赋存在超基性岩体中，但成矿与后期的花岗斑岩具有密切的成因关系。尽管部分研究者认为广西龙华脉状 Ni-Co 矿床的形成与岩浆作用无成因关系（杨奇荻等，2023），但一致的成岩成矿年代学和矿床地球化学研究结果表明该矿床的形成与南部的大进花岗岩体有关（熊松泉等，2015；Huang et al.，2020；周云等，2023）。热液脉型钴矿床成矿流体来源差异较大，包括岩浆热液流体、变质流体、盆地流体以及大气降水等来源（Schulz et al.，2017；Scharrer et al.，2019）。如白秧坪钴多金属矿床成矿流体为热卤水来源（刘家军等，2010），阿尔泰造山带中热液脉型钴矿床热液来源于花岗质岩浆（Tretiakova et al.，2010）。此外，部分脉状钴矿床显示更为复杂的流体来源，如摩洛哥 Bou Azzer 矿床成矿流体为岩浆热液与盆地流体混合来源（Borisenko et al.，1979；Lebedev et al.，2019）；阿根廷 Purísima-Rumicruz 矿床为热卤水、岩浆水和变质水的混合来源（López et al.，2022）；龙华镍钴矿床成矿流体主要来源于热卤水，同时混合有少量岩浆水和大气降水（周云等，2023）。但是，无论是岩浆热液还是盆地流体来源，成矿流体都具有高盐度特征（张洪瑞等，2020）。至于成矿物质来源，绝大部分热液脉型钴矿床被认为来源于围岩中变基性火山岩或邻近的基性—超基性侵入岩。如 Bou Azzer、Purísima-Rumicruz、白秧坪和龙华等脉状钴矿床中的钴等成矿物质均被认为来源于盆地火山岩或地层中变基性火山岩（刘家军等，2010；Scharrer et al.，2019；Huang et al.，2020；López et al.，2022；杨奇荻等，2023；周云等，2023）。煎茶岭和嘎仙等矿床被认为其成矿物质来源于基性—超基性岩体，即被后期花岗质岩浆成因的热液所萃取进入成矿系统（代军治等，2014；王玉往等，2016；Jiang and Zhu，2017；李德东等，2018）。此外，阿尔泰造山带中热液脉型钴矿床成矿物质来源于花岗质岩浆（Tretiakova et al.，2010）；海南岛石碌矿床深部的热液脉型铜钴矿体也被认为与印支期和燕山期岩浆活动有关（Wang et al.，2015）。

钴在地球上的丰度很低，往往需超常富集才能成矿（苏本勋等，2023）。热液中钴主要以 $CoCl_4^{2-}$ 形式迁移（Liu et al.，2011；Migdisov et al.，2011），当体系中存在 H_2S、温度在 $200 \sim 300℃$ 时，钴以 $CoCl_4^{2-}$ 形式迁移，在温度小于 $200℃$ 时以 $Co(HS)^+$ 为主的形式迁移（Migdisov et al.，2011）；当体系中不存在 H_2S 时，在温度高于 $150℃$ 的高盐度流体中，钴以 $CoCl_4^{2-}$ 形式迁移，在温度小于 $150℃$ 的低盐度流体中，钴以 $CoCl_2(H_2O)$ 形式迁移（Liu et al.，2011）。另外，在强碱性条件下（如 $pH > 8.5$），钴以 $Co(OH)_2^0$ 为主的形式迁移

(Williams-Jones and Vasyukova,2022)。钴的沉淀与它和硫及砷的亲和力、pH值、硫逸度和氧逸度、温度等物理化学条件有关,流体冷却和硫逸度升高均可造成热液中钴的溶解度降低和络合物稳定性的下降,进而导致钴沉淀(Liu et al.,2011;Vasyukova and Williams-Jones,2022;Williams-Jones and Vasyukova,2022)。在低温(<150℃)条件下,氧逸度的降低是主导因素,在较高温度(>150℃)条件下,钴沉淀作用主要随着pH值升高进行(Vasyukova and Williams-Jones,2022;Williams-Jones and Vasyukova,2022)。同时,当热液中As活性较高时,Co的硫化物会被硫砷化物或砷化物取代(Vasyukova and Williams-Jones,2022;Williams-Jones and Vasyukova,2022)。

第三节 江南造山带中段钴矿床成岩成矿作用研究进展

江南造山带位于扬子克拉通、华夏板块的裂解、碰撞和贴合部位,属于扬子克拉通和华夏陆块的过渡部分。中段的连云山—幕阜山地区是江南Au-Sb-W-Cu多金属成矿带的重要组成部分(毛景文等,1997)。许德如等(2017)研究了该地区地质构造演化与成矿的响应,认为矿床的形成与构造时空演化及构造组合密切相关。连云山—幕阜山地区相继发现了横洞、井冲和金塘等钴或钴铜矿床,这些矿床均受北东向的长-平断裂带控制。其中横洞矿床含钴资源量1.24万t,平均品位为0.036%(Zou et al.,2018);金塘矿床含钴资源量2000 t,平均品位为0.02%(Gan et al.,2023);井冲矿床探明铜资源量24万t、钴资源量3718 t、Pb资源量12 250 t和Zn 72 831 t(Peng et al.,2023),铜和钴资源量均达中型规模,且钴平均品位为0.022%(陕亮等,2022),是该断裂带中目前唯一正在开发的钴矿床。这些钴矿床的发现显示长-平断裂带具有良好的大型岩浆热液型钴矿找矿潜力。北北东向长-平断裂带主干断裂下盘发育热液蚀变构造角砾岩带,是钴(铜)矿体主要赋存部位。矿体呈层状或透镜状产出,受构造和岩性控制明显。矿化以钴铜矿化和铅锌矿化为主,并具有"上铅锌、下钴铜"分带特征(易祖水等,2008;刘萌等,2018;陕亮等,2022;Wang et al.,2022;Peng et al.,2023)。钴主要以类质同象形式赋存于硫化物晶格中,少量以独立矿物辉砷钴矿形式产出(邹凤辉,2016;Wang et al.,2017;刘萌等,2018;Zou et al.,2018)。矿石矿物主要为黄铁矿、黄铜矿、磁黄铁矿、毒砂、辉铋矿、闪锌矿和方铅铋矿等。围岩蚀变以硅化、绿泥石化为主,次为碳酸盐化和绢云母化。

宁钧陶(2002)分析了长-平断裂带原生钴矿成矿地质条件,认为钴矿化主要发育在主干断裂下盘构造热液蚀变带中,并严格受其控制,钴矿化主要控矿因素为构造及侵入花岗岩。燕山期岩浆活动为区内成矿提供物质、动力和热来源,而断裂是重要的控岩导矿构造,层间构造裂隙群是重要的容矿构造。前人研究认为连云山花岗岩体(年龄155~142 Ma;Deng et al.,2017;许德如等,2017;陕亮,2019;张鲲等,2019)与长-平断裂带中钴矿化密切相关。许德如等(2017)和张鲲等(2019)基于主微量元素及Sr-Nd-Hf同位素数据结果,提出连云山二云母二长花岗岩具有埃达克质或强过铝质高钾钙碱性花岗岩特征,由加厚地壳物质重熔形成。

关于长-平断裂带中井冲等钴铜矿床的成因有多种观点,如与花岗岩有关的中温热液裂隙充填交代型矿床(易祖水等,2008,2010)、中温构造热液蚀变型矿床(王智琳等,2015a)、岩浆热液型钴铜矿床(Wang et al.,2017,2022)、中低温热液充填交代型矿床(刘萌等,2018)和中高温热液交代型矿床(许德如等,2019)。这些观点均强调钴铜矿床的形成与岩浆热液有关。He-Ar同位素特征也指示井冲钴铜矿床成矿流体主要来源于地壳,有少量幔源流体和大气降水加入(Wang et al.,2017)。但是,Zou等(2018)对横洞钴矿床白云母进行了Ar-Ar定年,获得坪年龄130±1 Ma。陕亮(2019)用黄铁矿Rb-Sr等时线法也厘定了井冲钴铜矿床形成时代为128±3 Ma。Peng等(2023)获得井冲钴铜矿床中铅锌矿体蚀变白云母Ar-Ar坪年龄为121.4±1.2 Ma,被认为代表了铅锌矿的形成时代。这些成矿年龄数据明显较前人获得的连云山复式岩体的年龄要晚12~34 Ma,钴铜矿床的形成是否与连云山岩体有成因关系还需进一步确定。

这些矿床中Co元素被认为来源于新太古代—古元古代的连云山杂岩中的变基性岩和火山岩(Wang et al.,2017;Zou et al.,2018;王智琳等,2020;王智琳等,2023)。基于S-Pb同位素及闪锌矿微量元素等研究结果,部分研究者认为井冲钴铜矿床成矿物质来源于岩浆,且具有壳幔物质混合成因特征(陕亮等,2019a;Peng et al.,2023)。但也有观点认为成矿物质是岩浆和围岩的混合来源(Gan et al.,2023)。成矿物质的沉淀被认为与断裂活动中循环压力释放引起的流体不混溶作用(Zou et al.,2018)、成矿温度的降低及大气降水加入导致的流体不混溶作用(Wang et al.,2017;王智琳等,2020;王智琳等,2023)、温度降低和硫逸度的升高(Wang et al.,2022)或是盐度和氧逸度的降低(Gan et al.,2023)有关。但Peng等(2023)认为矿床的形成除了温度等物理化学条件的改变外,热液流体中成矿元素的溶解度大小也导致了矿化分带。此外,长-平断裂带中钴铜矿床的形成与成矿流体的运移方向(由西南向北东运移)、pH值和硫逸度有关(宁钧陶等,2023)。显然,长-平断裂带中钴或钴铜矿床的成矿物质来源及钴的沉淀机制等仍需进一步研究。

基于上述综述,江南造山带中段的钴或钴铜矿床成矿作用研究仍存在如下3个主要问题。

(1)前人厘定连云山岩体成岩年龄为155~142 Ma,但未发现与成矿时代接近的侵入岩,成岩成矿关系有待深入研究。

(2)这些矿床中对钴赋存状态研究较少,需采用微观分析方法进一步限定,这对江南造山带中段钴矿勘查具有重要指示意义。

(3)矿床成因及钴矿物沉淀机制研究薄弱且成矿模式缺乏,需进一步补充微观佐证信息。

第四节 研究内容、方法及技术路线

一、研究内容

(1) 对井冲钴铜矿床开展详尽的野外地质调查,采集新鲜岩石及矿石样品,进行镜下岩矿鉴定结合 BSE 照相,确定岩石和矿石的结构构造、矿物的组成及结构、交代关系等特征,并划分成矿阶段。

(2) 通过 TIMA 集成矿物分析、EDS 能谱分析、EPMA 电子探针微区成分分析及黄铁矿 LA-ICPMS,明确矿床中钴赋存状态。

(3) 通过锆石 U-Pb 定年厘定井冲钴铜矿床成矿岩体时代,结合岩石地球化学及 Sr-Nd-Pb-Hf 同位素特征确定成矿岩体成因及成岩构造背景。

(4) 通过黄铁矿、闪锌矿微区微量元素及黄铁矿、闪锌矿、黄铜矿 S 同位素测试,结合前人成矿年龄、流体包裹体测温、H-O-He-Ar 和 Pb 同位素结果限定成矿流体及物质来源,结合前人研究成果进一步明确成矿与岩浆作用关系和矿床成因,建立成矿模式。

(5) 总结井冲钴铜矿床关键成矿要素以及该地区热液脉型钴矿地质找矿标志。

二、研究方法

(1) 资料收集:系统收集江南造山带中段基础地质、地球化学、年代学及同位素资料,查阅前人热液型钴矿床找矿勘查理论与方法,收集国内外钴矿床主要类型、矿床地质及年代学特征、流体和物质来源以及矿床成因等最新理论研究成果。

(2) 野外地质调查:开展详尽的野外地质调查,尤其是重点调查矿体特征及赋存位置、成矿岩体岩性特征、矿化蚀变类型及分带、矿石矿物组成及交代关系等宏微观信息,了解矿床地质特征。

(3) 岩石学和矿石学鉴定:对采集的井冲钴铜矿床样品进行室内制片及镜下鉴定。一是确定成矿岩体岩性、结构构造及矿物组成,以及对岩石成因有指示的微观现象;二是鉴定与成矿有关的蚀变类型及分带;三是观察矿物的组成及特征、交代穿插关系,划分成矿阶段。

(4) 样品测试:系统采集新鲜无蚀变岩石及矿石样品,进行矿物挑选及样品制备,然后开展 TIMA、EDS、EPMA、LA-ICPMS、锆石 U-Pb 定年、全岩主微量元素及 Sr-Nd-Pb 同位素分析、锆石原位 Hf 同位素分析、硫化物微区微量元素分析、硫化物微区 S 同位素分析。

(5) 综合分析:综合矿床地质特征、成岩成矿年代学、岩石地球化学、Hf 同位素、微区 S 同位素及黄铁矿、闪锌矿微区微量元素等关键信息,总结井冲钴铜矿床关键成矿要素,明确矿床成因并建立成矿模式。

三、技术路线

对井冲矿床开展详尽的野外地质调查,采集新鲜岩石及矿石样品,进行镜下岩矿鉴定和

BSE照相，确定岩石和矿石的结构构造、矿物的组成及结构、交代关系等特征，并划分成矿阶段；利用微观测试手段，分析矿床中Co赋存状态；开展锆石U-Pb定年、原位Hf同位素和岩石学测试，确定岩体成因和构造背景；开展黄铁矿、闪锌矿微区微量元素和硫化物微区S同位素测试分析，并结合前人流体包裹体测温、H-O同位素和Pb同位素结果限定成矿流体及物质来源，进一步研究成矿与岩浆作用的关系，明确矿床成因，建立成矿模式，并总结关键成矿要素和地质找矿标志。具体技术路线如图1-1所示。

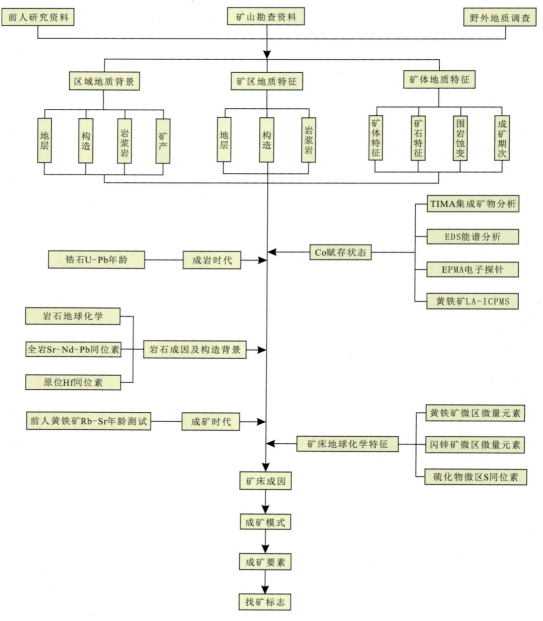

图1-1 本研究技术路线图

第五节 分析测试方法

一、TIMA 集成矿物分析

矿物自动定量表征系统(tescan integrated mineral analyzer,TIMA)分析在南京宏创地质技术服务有限公司完成。实验使用 TESCAN 公司制造的 TIMA 自动矿物分析系统。TIMA 由 Tescan Mira Schottky 场发射扫描电子显微镜连接 4 个 X 射线能谱(EDS)硅漂移探测器组成,能同时进行极高分辨率的 BSE 与 X 射线能谱(EDS)快速成像,并配备专业的矿物处理软件辅助分析结果和生成报告。测试条件:将样品表面喷镀导电碳质薄膜,然后放入高分辨率 BSE 模式下,选择 15 kV 加速电压、4.76 nA 加速电流、约 18.20 射速强度进行分析操作。选择高分辨率绘图模式分析(high-resolution mapping),在规则网格(9 μm 点间距)上收集背向散射电子和能谱数据。将各点的 EDS 数据与矿物定义库进行匹配进而矿物识别。然后根据相似性搜索算法对各个点分组,将相似能谱数据区域合并为片段(即矿物颗粒),最后绘制成矿物分布图。通过自动计算得到样品中所有矿物相的质量和体积比。单个样品扫描时间约为 5 h,单个样品能谱点收集约 40 000 个计数。

二、EDS 能谱

扫描电镜元素面扫分析在中国地质调查局武汉地质调查中心完成。扫描电镜型号为 JEOL Quanta-200 型高分辨率多用途场发射扫描电子显微镜,对矿物形态和成分进行综合分析。工作电压 20 kV,工作距离 12 mm,最大放大倍数 600 万倍。EDS 分析仪器为 X 射线能谱仪(Thermo NORAN Vantage-ESI 型,美国 Thermo 公司)。

三、EPMA 电子探针

EMPA 分析在中国地质调查局武汉地质调查中心完成,对黄铁矿、黄铜矿、闪锌矿、辉砷钴矿、毒砂、方铅矿和铋矿物进行了定量分析。利用配有 4 道波谱仪的 EPMA-1600 电子探针完成。样品在上机测试之前先按照 Zhang 等(2016)提供的方法进行镀碳,碳膜尽量均匀且厚度约 20 nm。工作条件为:加速电压 20 kV、加速电流 20 nA、束斑直径 1 μm。所有测试数据均进行 ZAF 校正处理。As、S、Fe、Ag、Zn、Te、Bi、Au、Cu 和 Pb 的元素特征峰的测量时间为 10 s,上下背景的测量时间分别是峰测量时间的一半。所使用的标样如下:砷化镓(As)、黄铁矿(S、Fe)、单质银(Ag)、单质锌(Zn)、单质碲(Te)、单质铋(Bi)、单质金(Au)、单质铜(Cu)、方铅矿(Pb)。

四、锆石 U-Pb 定年

将井冲钴铜矿区花岗闪长岩和花岗斑岩样品送至河北省廊坊区域地质矿产调查研究所

实验室进行样品破碎和挑选锆石工作。将锆石样品置于环氧树脂中,然后磨蚀和抛光至锆石核心出露。锆石原位微区测试在中国地质调查局武汉地质调查中心激光剥蚀电感耦合等离子体质谱(LA-ICPMS)仪器上完成,激光束斑直径为 24 μm。实验中采用 He 作为剥蚀物质的载气。U-Pb 同位素定年中采用锆石标准 91 500 作外标、NIST 610 作内标进行同位素分馏校正。实验获得的数据采用 Andersen(2002)提出的方法进行同位素比值校正,以扣除普通 Pb 影响。采用年龄为 $^{206}Pb/^{238}U$ 年龄,其加权平均值误差为 1σ。

五、流体包裹体测温

流体包裹体切片工作在中国地质大学(武汉)资源学院矿相学实验室完成。在显微镜下对流体包裹体数量、丰度、类型(原生、次生、假次生)进行区分、描述和照相,并对原生包裹体开展测温工作。包裹体的均一温度和冰点测试工作在中国科学院地质与地球物理研究所流体包裹体研究实验室完成。测试过程主要采用 Carl Zeiss Axioskop 40 和 Nikon 透射/反射两用光学显微镜+摄像(照相)系统,通过英国 Linkam 公司生产的 THMSG 600 冷/热台及 TS 1500 高温热台,观察在加温或冷冻过程中流体包裹体相态的连续变化,并记录相应的均一温度和冰点温度。THMSG 600 冷/热台及 TS 1500 高温热台仪器的温度涵盖范围为 $-196\sim600℃$,冷冻/加热速率为 $0.01\sim130℃$/min,最高加热温度可至 1500℃。

六、主微量元素测试

全岩主量元素和微量元素测试在澳实矿物实验室集团澳实分析检测(广州)有限公司完成,主量元素测试采用 ME-XRF 06 方法,分析流程如下:称取 0.9 g 样品,煅烧后加入 $Li_2B_4O_7$-$LiBO_2$ 助熔剂,充分混合,然后放置在自动熔炼仪中,使之在温度为 $1050\sim1100℃$ 时熔融,熔融物倒出压制在扁平玻璃片上,再用 XRF 荧光光谱仪分析,分析精度优于 5%。微量元素测试采用 ME-MS 81 方法,样品处理流程如下:①将 200 目以下实验样品置于 105℃烘箱中,烘干 12 h;②精确称取 50 mg 粉末样品置于 Teflon 溶样弹中;③先加入 1 mL 高纯硝酸,再加入 1 mL 高纯氢氟酸;④将 Teflon 溶样弹放入钢套中,置于 190℃烘箱中,加热 24 h 以上;⑤待溶样弹冷却后,放置于 140℃电热板上蒸干,加入 1 mL 硝酸,并再次使之蒸干;⑥加入 1 mL 高纯硝酸、1 mL 超纯水和 1 mL 浓度为 1×10^{-6} 内标 In,再将 Teflon 溶样弹放入钢套中,放置于 190℃烘箱中进行加热,时长需在 12h 以上;⑦将溶液转入聚乙烯料瓶中,用 2% 硝酸稀释至 100 g 以备 ICP-MS 测试。

七、Sr-Nd 同位素

全岩 Sr-Nd 同位素分析在中国地质调查局武汉地质调查中心完成,测量仪器为德国 Triton 型热电离质谱仪。在 Teflon 交换柱上用 HF-HNO_3 溶解样品一周,然后用传统的阳离子交换技术分离样品。分别采用 $^{146}Nd/^{144}Nd=0.721\,9$ 和 $^{86}Sr/^{88}Sr=0.119\,4$ 校正 Nd 和 Sr 同位素比值,利用 ICP-MS 测定的 Rb、Sr、Sm 和 Nd 丰度计算 $^{87}Rb/^{86}Sr$ 和 $^{147}Sm/^{144}Nd$ 比值。

八、Pb 同位素测试

在河北省廊坊市宇能岩石地质勘查技术服务有限公司完成矿石标本样品的碎样与黄铁矿单矿物分选工作。主要将选取的样品手工逐级破碎、过筛,并在双目镜下挑选粒度 40~60 目、纯度大于 99% 的黄铁矿样品 2 g 以上。将挑纯后的单矿物样品在玛瑙钵里研磨至 200 目以下待测试。另外,对主微量元素测试的花岗岩样品各称取 5 g 进行 Pb 同位素测试。

硫化物和花岗岩粉末样铅同位素测试均在中国地质调查局武汉地质调查中心同位素地球化学研究室完成。称取单矿物样品 5~20 mg,置于聚四氟乙烯密封溶样罐,加入盐酸和硝酸,并在 180℃ 条件下密闭溶解样品。待样品全溶后蒸干,加入 6 mol/L 盐酸溶解并再次蒸干。加入适量氢溴酸(1 mol/L)和盐酸(2 mol/L)的混合酸。离心后,将上层清液加入 AG-1×8 阴离子树脂柱,依次用 0.3 mol/L 氢溴酸和 0.5 mol/L 盐酸淋洗杂质。最后用 6 mol/L 盐酸(6 mL)解吸铅,蒸干后待质谱检测。Pb 同位素比值分析在 MAT-261 热电离质谱仪上完成。实验中,使用标准物质 NBS 981 监控仪器状态,其 $^{207}Pb/^{206}Pb$ 平均值为 $0.914\,40 \pm 0.000\,20$,与推荐值 $0.914\,47 \pm 0.000\,25$ 在误差范围内一致。Pb 的全流程空白为 2.5×10^{-9}。详细分析流程见 Qiu 等(2015)。

九、原位 Hf 同位素测试

锆石原位 Hf 同位素测试在中国地质调查局武汉地质调查中心激光剥蚀多接收杯等离子体质谱仪(LA-MC-ICPMS)上完成。激光剥蚀系统为 Geolas HD(Coherent,德国),MC-ICP-MS 为 Neptune Plus(Thermo Fisher Scientific,德国)。分析采用 Neptune Plus 新设计高性能锥组合。前人研究表明,对于 Neptune Plus 的标准锥组合,新设计的 X 截取锥和 Jet 采样锥组合在少量氮气条件下能使 Hf、Yb 和 Lu 的灵敏度分别提高 5.3 倍、4.0 倍和 2.4 倍。激光输出能量可以调节,实际输出能量密度约为 $7.0\,J/cm^2$。采用单点剥蚀模式,斑束固定为 16 μm。采用 ICPMS DataCal 程序对实验所得数据进行处理。

十、石英 H-O 同位素测试

3 件与钴铜硫化物共生的石英样品在河北省廊坊市宇能岩石地质勘查技术服务有限公司完成挑选。将选取的样品手工逐级破碎、过筛,并在双目镜下挑选粒度 40~60 目、纯度大于 99% 的石英样品 2 g 以上。H-O 同位素分析在核工业北京地质研究院分析测试研究中心完成。氢同位素测试在 MAT-253 气体同位素质谱计上完成,主要通过爆裂法分离获得水,再使用锌还原法获得可供质谱测试的氢气,分析精确度为 ±2‰。氧同位素测试在 Delta V Advantage 仪器上完成,先获得纯净的 O_2,再将纯化后的 O_2 在高温 700℃ 下与石墨反应转化为 CO_2,最后送质谱测试,分析精确度为 ±0.2‰。有关详细测试分析过程可参考熊欣等(2021)。

十一、硫化物微区 S 同位素测试

硫化物微区 S 同位素测试在中国地质大学（武汉）地质过程与矿产资源国家重点实验室利用激光剥蚀多接收杯等离子体质谱（LA-MC-ICPMS）完成。激光为 NWR FemtoUC 飞秒激光系统（New Wave Research，美国），MC-ICPMS 为 Neptune Plus（Thermo Fisher Scientific，美国）。激光剥蚀系统使用氦气作为载气。采用单点剥蚀模式，为了解决分析过程中 S 同位素比值的 Down Hole 分馏效应，选择大束斑（40 μm）和低频率（4 Hz）激光条件。同时配备了信号平滑装置（Hu et al.，2015），确保在低频率条件下获得稳定信号。激光能量密度约 2.5 J/cm^2。质谱仪 Neptune Plus 配备 9 个法拉第杯和 1011 Ω 电阻放大器，采用 L3、C 和 H3 三个法拉第杯同时静态接收 ^{32}S、^{33}S 和 ^{34}S 信号。使用高性能 Jet+X 锥组合来提高信号强度，将氮气（4 mL/min）引入等离子体以降低多原子离子干扰。根据 SSB 方法用天然黄铁矿标样 PPP-1（$\delta^{34}S_{V-CDT}=5.40±0.16$）作为外标进行质量分馏校正，参考物质天然磁黄铁矿（YP136，$\delta^{34}S_{V-CDT}=1.50±0.30$；Li et al.，2019）作为质量监控样品被重复分析，以验证实验方法的准确性。详细仪器操作条件和分析测试方法参考 Feng 等（2022）。采用 ISO-CoMPass 软件处理实验数据（Zhang et al.，2020）。

十二、硫化物微区微量元素测试

硫化物微区微量元素测试在中国科学院广州地球化学研究所利用 LA-ICPMS 完成。采用 NWR 193 UC 激光剥蚀系统。该系统由 NWR 193 nm ArF 准分子激光器和光学系统组成，ICP-MS 型号为 iCAP RQ。激光剥蚀系统配置有信号平滑装置，激光剥蚀过程中采用氦气作载气，通过一个"Y"形接口，与氩气混合，进入电感耦合等离子质谱仪中进行原始信号采集。本次分析激光束斑、能量和频率分别为 30 μm、5 J/cm^2 和 6 Hz，单矿物微量元素含量处理采用标准物质（NIST 610、GSE-2G 和 MASS-1）进行多外标、单内标校正。原始数据离线处理（包括信号背景选择、样品有效区间选择、仪器灵敏度校正、元素含量计算）利用 Iolite（Paton et al.，2011）完成。在 5～8 个未知样品中插入两种标准（NIST 610、GSE-2G）和一种硫化物 MASS-1 标样进行分析。本次硫化物共测量了以下 25 种元素（括号中列出了它们各自停留时间，ms）：^{34}S（10）、^{47}Ti（10）、^{51}V（10）、^{52}Cr（10）、^{57}Fe（10）、^{59}Co（10）、^{60}Ni（10）、^{63}Cu（10）、^{66}Zn（10）、^{71}Ga（10）、^{74}Ge（10）、^{75}As（10）、^{77}Se（10）、^{95}Mo（10）、^{107}Ag（10）、^{111}Cd（10）、^{115}In（10）、^{118}Sn（10）、^{121}Sb（10）、^{125}Te（10）、^{157}Gd（10）、^{182}W（10）、^{197}Au（10）、^{208}Pb（10）和 ^{209}Bi（10），总测量时间为 250 ms。以 MASS-1 硫化物标准样品（Wilson et al.，2002，Fe 含量为 15.6%）为主要标样，校正 ^{51}V、^{52}Cr、^{57}Fe、^{59}Co、^{65}Cu、^{66}Zn、^{71}Ga、^{74}Ge、^{75}As、^{77}Se、^{97}Mo、^{107}Ag、^{111}Cd、^{115}In、^{118}Sn、^{121}Sb、^{125}Te、^{197}Au 和 ^{209}Bi。采用玄武岩玻璃标准物质 GSE-2G（7.55% Fe）对 ^{47}Ti、^{60}Ni、^{182}W 和 ^{208}Pb 进行校正（Meyers et al.，1976）。黄铁矿所有元素均以 ^{57}Fe 作内标校正，闪锌矿所有元素均以 ^{66}Zn 作内标校正。

第二章　区域地质背景

江南造山带是格林威尔时期增生型造山带之一,位于扬子克拉通与华夏板块裂解、碰撞和拼合部位,其形成时间与 Rodinia 超大陆聚合同步(Zhao,2015)。北西侧以柳州—凯里—张家界—九江—祁门—黄山一线为边界与扬子克拉通相接,南东侧以江绍断裂带为界线与华夏板块相接。江南造山带长约 1500 km,宽约 200 km,呈弧形跨越了桂北、黔东、湘西、湘北、鄂南、赣北、皖南、浙北和苏中的广大区域(Wang et al.,2003;王孝磊等,2017)(图 2-1)。

江南造山带中段的幕阜山—连云山地区(图 2-1)经历了自新元古代以来的扬子克拉通和华夏板块裂解、碰撞和拼合作用、早古生代的陆内造山、晚三叠世的华南地区和华北克拉通最后碰撞,以及中侏罗世—早白垩世时期太平洋板块和欧亚大陆俯冲碰撞的远程效应等多期构造运动事件(饶家荣等,1993;金山文等,1997;傅昭仁等,1999;王剑等,2000;Xu et al.,2007),导致了该地区古生代和中生代大规模岩浆侵位成岩和成矿事件的发生。

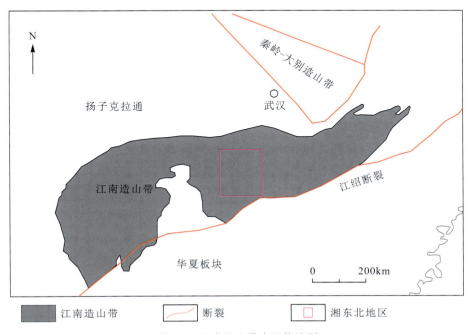

图 2-1　江南造山带大地构造图

第一节 区域地层

湘东北地区出露地层主要包括新元古界、古生界、中生界、新生界等,但缺失古生界奥陶系和志留系(表2-1,图2-2)。此外,连云山地区局部出露古元古代结晶基底连云山杂岩。

表2-1 湘东北地区区域地层表(据李鹏春等,2006;湖南省地质调查院,2012修改)

界	系	统	阶	组	代号	厚度/m	岩性描述
新生界	第四系	全新统			Qh	0~16	河湖相砾石层、砂泥层和山间残坡积物堆积
		更新统			Qp	0~66	
	古近系	古新统		枣市组	E_1z	>1000	
中生界	白垩系	上统		分水坳组	K_2f	>945	紫红色巨厚层状砾岩、砂砾岩夹含砾砂岩、砂质泥岩、钙质泥岩夹钙芒硝和石膏层,局部夹透镜状含铜砂岩
				戴家坪组	K_2d	100~>1310	
		下统		神皇山组	K_1s	0~850	
	侏罗系	中统		跃龙组	J_2y	>290	石英砂岩、粉砂岩夹黑色页岩
		下统		高家田组	J_1g	593	海陆交互相砂泥质沉积,底部为砾岩
	三叠系	上统		石康组	T_3sk	190~220	黑色粉砂质泥岩、灰白色石英砂岩、砂质泥岩、碳质泥岩和煤层
				三丘田组	T_3s	410~514	
				安源组	T_3a	400	
		下统		大冶组	T_1d	250	
古生界	二叠系	上统		长兴组	P_2c	40~124	
				龙潭组	P_2l	25~98	灰色含碳质黏土页岩、粉砂岩、细砂岩、硅质岩
		下统		茅口组	P_1m	322	生物屑灰岩夹硅质条带钙质、碳质页岩等
				栖霞组	P_1q	170	含碳质瘤状灰岩、含碳质生物屑灰岩,常含燧石结核或条带,碳质页岩;下部为黑色碳质灰岩夹煤层
	石炭系	上统		船山群	C_3ch	357	厚层生物核形石灰岩、含碳质生物屑核形石灰岩
		中统		黄龙群	C_2h	337	灰白色厚层灰岩、生物屑灰岩
		下统	大塘阶		C_1d	18~250	灰白色石英砾岩
	泥盆系	上统	锡矿山阶	岳麓山-锡矿山组	D_3y-x	95~250	
			佘田桥阶	佘田桥组	D_3s	182~389	第一岩性段的岩性主要为青灰色、黄绿色板岩局部夹砂岩透镜体;第二岩性段的岩性为浅灰色、紫红色板岩夹少量青灰色板岩,板状构造
		中统	东岗岭阶	棋梓桥组	D_2q	224~537	由灰黑色板岩、青灰色板岩、钙质板岩夹灰岩、泥灰岩透镜体组成,下部变成碎裂板岩或板岩质砾岩,形成构造挤压破碎带
				跳马涧组	D_2t	124~229	一套砂质页岩、砾岩、板岩经热液蚀变作用后形成硅质构造角砾岩、石英质构造角砾岩、硅质岩、绿泥石化硅质岩等
	寒武系	上统		探溪组	ϵ_2t	81	下部为一套海相还原环境沉积的黑色碳泥质-硅质岩,上部为碳酸盐岩建造
				污泥塘组	ϵ_2w	104	
		下统		牛蹄塘组	ϵ_1n	250	
新元古界	埃迪卡拉系			留茶坡组	Pt_3l	30~214	灰绿色、紫红色含砾板岩、石英砂岩、冰碛砾岩、碳酸盐岩、硅质岩、板岩,局部为含砾凝灰质砂岩等
				金家洞组	Pt_3j		

续表 2-1

界	系	统	阶	组		代号	厚度/m	岩性描述
新元古界	南华系				南沱组	Pt_3n	45～657.9	一套在严寒气候条件下形成的冰碛岩建造,偶见基性火山岩,主要为大陆冰川沉积型的冰碛砾泥岩、冰碛砾粉砂岩,夹少量间冰期的碳泥质岩以及含锰碳酸盐岩
					大塘坡组	Pt_3d		
					富禄组	Pt_3f		
	青白口系			板溪群	溇水河组	Pt_3xs	240～260	紫红色砂质板岩、条带状板岩、灰白色石英砂岩、长石石英砂岩、灰绿色条带状板岩、凝灰质板岩夹凝灰岩,底部为含砾板岩、含砾砂岩、砾岩
					张家湾组	Pt_3zj	>184.5	
					大药姑组	Pt_3d	>730.2	下部为灰绿色薄—中厚层状浅变质含砾砂质板岩、砾岩。上部为灰绿色薄—中厚层状板岩、条带状板岩、条带状凝灰质板岩,夹多套浅变质中粗粒岩屑杂砂岩、砾质岩屑杂砂岩及砾岩,层理较清晰
					小木坪组	Pt_3x	926.5～1 876.7	以灰色、灰绿色条带状粉砂质板岩、砂质板岩、绢云母板岩为主,偶夹薄—中厚层岩屑杂砂岩的浅变质岩
					黄浒洞组	Pt_3h	902.3～3 667.7	以岩屑杂砂岩、岩屑石英砂岩为主夹薄层状砂板岩、泥质粉砂岩、粉砂质细砂岩、条带状粉砂质板岩、绢云母板岩
				冷家溪群	雷神庙组	Pt_3ls	1 431.5	下部以一套灰绿色中—厚层状板岩、条带状板岩、粉砂质板岩为主,夹少量浅变质粉质粉砂岩;上部为一套灰绿色薄—中厚层状板岩、条带状板岩为主
					潘家冲组	Pt_3p	2067	灰色浅变质砂质粉砂岩、岩屑杂砂岩与千枚状板岩、粉砂质板岩、钙质板岩,底部局部可见含砾岩屑杂砂岩组合。下部为灰色浅变质中—厚层状岩屑杂砂岩、浅变质细砂岩、砂质粉砂岩。上部为青灰色、灰绿色局部黑灰色薄—中层状千枚状板岩、砂质板岩夹浅变质岩屑杂砂岩、不等粒砂质粉砂岩及大理岩化白云岩
					易家桥组	Pt_3y	1 574.9～2722	下部为灰色、灰绿色中—厚层状浅变质细粒长石石英杂砂岩、浅变质细砂质粉砂岩,往上薄—中厚层状变质含粉砂质绢云母千枚岩夹硅质板岩;中部主要为薄—中厚层状变质含粉砂质绢云母千枚岩、绿泥石千枚岩夹变质细砂岩与变质晶屑岩屑火山凝灰岩
				仓溪岩群	斫木冲岩组	Pt_3z	视厚度<4180	浅绿灰色、灰绿色透闪阳起片岩夹透闪片岩、斜长闪片麻岩、糜棱岩化斜长片麻岩
					陈家湾岩组	Pt_3ch		以灰色长石二云石英片岩、长石二云母片岩、绿泥石英片岩、(黝帘)阳起石英片岩为主夹1～2层阳起大理岩、似层状斜长闪角岩
					枫梓冲岩组	Pt_3f		青绿色、浅黄灰色绢云千枚岩、石英绢云微晶片岩
					南棚下岩组	Pt_3n		绿灰色、灰绿色绿帘阳起片岩、阳起绿帘片岩

一、古元古界

彭和求等(2002)和郭乐群等(2003)对连云山杂岩的地质特征及产状进行了详细的叙述。连云山杂岩呈残片状出露于湘东北九岭—幕阜山岭中,总面积大于 150 km^2,是一套变质达中—高角闪岩相的中—深变质岩系,并经受了多期混合岩化和热接触变质作用。它的组成复杂、岩石类型多样,按地质产状可划分为变质表壳岩、变质镁铁质侵入岩和花岗质片麻岩3个组合。变质表壳岩系主要包括十字石石榴石黑云母片岩、混合岩化石榴石二云母石英片岩和含夕线石董青石石榴石钾长片麻岩。变质铁镁质侵入岩主要包括石榴石斜长角闪岩和黑云母斜长角闪岩等。花岗质片麻岩主要包括黑云母斜长片麻岩、石榴石黑云母斜长片麻岩和石榴石白云母斜长片麻岩。

连云山杂岩经历过5期次变质作用阶段,即早期绿片岩相变质作用、角闪岩相变质作用、高角闪岩相或麻粒岩相变质作用、角闪岩相变质作用和晚期绿片岩相区域变质作用。整

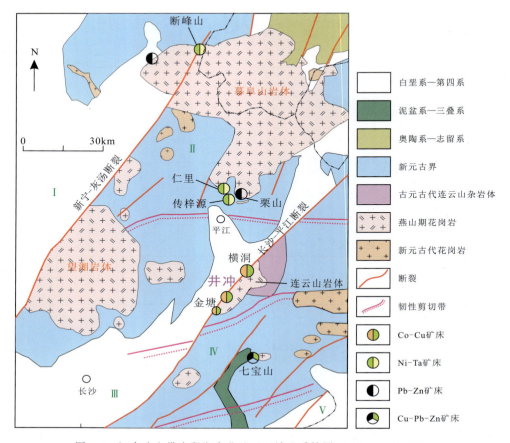

图 2-2 江南造山带中段湘东北地区区域地质简图(据 Shan et al., 2023)

Ⅰ. 洞庭断陷盆地；Ⅱ. 幕阜山-紫云山断隆；Ⅲ. 长沙-平江断陷盆地；Ⅳ. 连云山-衡阳断隆；Ⅴ. 醴陵-攸县断陷盆地

个连云山杂岩中角闪岩相变质作用和绿片岩相变质作用不具连续递变的特点，而表现出叠加关系(彭和求等，2002)。此外，连云山杂岩变质作用程度在空间上具有局部分布不均一性。连云山附近岩性主要为一套角闪岩相的十字石石榴石黑云母片岩、混合岩化石榴石二云母片岩、斜长角闪岩等。往北至幕阜山附近则呈穹隆展露，核部为花岗质片麻岩，周缘依次为含夕线石堇青石石榴石钾长片麻岩、十字石石榴石黑云母片岩、石榴石云母片岩等，呈高角闪岩相向低角闪岩相演变，即围绕花岗质片麻岩穹隆呈侧向递增性(彭和求等，2002)。

变质沉积岩、变质岩浆岩的地球化学特征表明连云山杂岩总体构造环境为大陆岛弧(郭乐群等，2003)。斜长片麻岩/角闪岩和十字石石榴石黑云母片岩全岩 Sm-Nd 等时线年龄为 1960~1905 Ma(彭和求等，2002；郭乐群等，2003)。但因两条等时线岩石样品均被混合岩化，Sm-Nd 等时线年龄应是重熔岩浆或混合岩化的时限，连云山杂岩的成岩年龄应更老(郭乐群等，2003)。

二、新元古界

新元古界主要有仓溪岩群、冷家溪群和板溪群等(湖南省地质调查院,2002,2004)。

1. 仓溪岩群

仓溪岩群主要出露于浏阳市文家市清江水库至仓溪一带,出露面积约 150 km²,主要以两个相隔约 15 km、北东走向呈岩片形式构造就位于新元古界冷家溪群中。仓溪岩群主体是由变沉积岩和变火成岩两大套岩石类型组成(湖南省地质调查院,2002),可划分为南棚下岩组、枫梓冲岩组、陈家湾岩组和斫木冲岩组等。其中南棚下岩组由绿灰色、灰绿色绿帘阳起片岩和阳起绿帘片岩组成;枫梓冲岩组由青灰色、浅黄灰色绢云千枚岩、石英绢云微晶片岩组成;陈家湾岩组以灰色长石二云石英片岩、长石二云母片岩、绿泥石英片岩、(黝帘)阳起石英片岩为主夹 1~2 层阳起大理岩、似层状斜长角闪岩;斫木冲岩组主要为浅绿灰色、灰绿色透闪阳起片岩夹透闪片岩、斜长角闪片麻岩、糜棱岩化斜长角闪片岩。枫梓冲岩组中变火山岩锆石 U-Pb 年龄为 859±5~846±19 Ma(高林志等,2011;龙文国等,2021),陈家湾岩组绢云石英千枚岩及变基性岩的形成年龄分别为 858±4 Ma 和 844±14 Ma(谭满堂等,2022)。

2. 冷家溪群

冷家溪群在区域上广泛出露,是湘东北地区出露地层的主体,为一套灰色、灰绿色绢云母板岩、条带状板岩和粉砂质板岩与岩屑杂砂岩、凝灰质砂岩组成的复理石韵律特征浅变质岩系,局部夹有基性—酸性火山岩。Li 等(2020b)厘定冷家溪群中二云母片岩锆石 U-Pb 年龄为(834±5)~(826±6)Ma。冷家溪群可划分为上、下两个部分:下部分为易家桥组、潘家冲组和雷神庙组;上部分为黄浒洞组、小木坪组和大药姑组(孙海清等,2009,2011;湖南省地质调查院,2012)。

易家桥组(Pt_3y):岩性为绿泥石千枚岩、绢云母千枚岩夹凝灰岩,其下部为灰色、灰绿色中—厚层状浅变质细粒长石石英杂砂岩、浅变质细砂质粉砂岩,往上为薄—中厚层状变质凝灰岩夹硅质板岩;中部主要为薄—中厚层状含粉砂质绢云母千枚岩、绿泥石千枚岩;上部为灰色、深灰色薄—中厚层状粉砂质绢云母千枚岩、绿泥石千枚岩夹变质细砂岩与变质晶屑岩屑火山凝灰岩。孙海清等(2012)获得该组锆石 SHRIMP U-Pb 年龄为 862±11 Ma。

潘家冲组(Pt_3p):为灰色浅变质砂质粉砂岩、岩屑杂砂岩与千枚状板岩、粉砂质板岩、钙质板岩,底部局部可见含砾岩屑杂砂岩岩石组合。下部为灰色浅变质中—厚层状岩屑杂砂岩、浅变质细砂岩、砂质粉砂岩;上部为青灰色、灰绿色局部黑灰色薄—中厚层状千枚状板岩、砂质板岩夹浅变质岩屑杂砂岩、不等粒砂质粉砂岩及大理岩化白云岩。高林志等(2010)在湖南临湘横铺冷家溪群潘家冲组凝灰岩获得 SHRIMP 锆石 U-Pb 年龄为 831±10 Ma。与下伏地层整合接触。

雷神庙组（Pt_3ls）：为一套区域变质的灰绿色、灰色厚层状绢云母、条带状砂质板岩夹少量薄层状含砾岩屑变杂砂岩、细砂质变粉砂岩及含钙质团块或条带的绿泥石板岩组合。下部以一套灰绿色中—厚层状板岩、条带板岩、粉砂质板岩为主，夹少量浅变质砂质粉砂岩；上部以一套灰色薄层状板岩、条带状板岩为主。高林志等（2011）获得凝灰岩 SHRIMP 锆石 U-Pb 年龄为 822 ± 11 Ma。与下伏地层整合接触。

黄浒洞组（Pt_3h）：为位于雷神庙组之上的一套区域浅变质岩屑杂砂岩、岩屑石英杂砂岩并夹砂板岩、泥质粉砂岩、粉砂质细砂岩、条带状粉砂质板岩和绢云母板岩的地层。该组以一套斜坡浊积杂砂岩有别于其他地层。下部以灰绿色、灰色中层—块状浅变质岩屑杂砂岩、岩屑石英杂砂岩为主夹薄层状板岩、粉砂质板岩和砂质粉砂岩。中上部为灰绿色板岩、条带状板岩夹薄—中厚层状浅变质岩屑杂砂岩、粉砂质细砂岩和泥质粉砂岩。上部为灰绿色中—厚层状、块状浅变质岩屑杂砂岩、岩屑石英杂砂岩和石英杂砂岩等，与中厚层状板岩、粉砂质板岩构成明显的韵律层系。杨雪等（2020）厘定黄浒洞组沉积岩碎屑锆石最小年龄峰值约为 860 Ma，但该组中凝灰岩获 SHRIMP 锆石 U-Pb 年龄为 837±11～829±13 Ma（高林志等，2010；湖南省地质调查院，2012）。与下伏地层整合接触。

小木坪组（Pt_3x）：为一套灰色、灰绿色条带状粉砂质板岩、砂质板岩和绢云母板岩组成的地层，偶夹薄—中厚层状岩屑杂砂岩的浅变质岩。在湘东一带，该组下部以条带状砂质板岩与绢云母板岩互层为主，偶夹薄—中厚层状粉砂质细砂岩和岩屑杂砂岩；上部为一套灰色、深灰色条带状粉砂质板岩、条带状砂质板岩，与单层仅 1～10 cm 厚的粉砂质细砂岩、岩屑杂砂岩呈 0.2～0.4 m 厚的往复式韵律层。在桃江、桃源一带，该组以灰绿色薄—中厚层状条带状板岩和条带状粉砂质板岩为主，夹少量浅变质薄—中厚层状浅变质砂质粉砂岩。由下往上，碎屑岩逐渐减少，以板岩占绝对优势，以单层厚度薄为特征，板岩单层厚度为 5～15 cm，大部分板岩发育水平纹层与条带构造。粉砂岩多呈单层往复多次出现，单层厚度一般为 5～7 cm，底面发育底蚀构造与火焰状构造，具低密度浊积岩特征与复理式韵律结构。高林志等（2011）报道该组斑脱岩 SHRIMP 锆石 U-Pb 年龄为 822 ± 10 Ma。与下伏地层整合接触。

大药姑组（Pt_3d）：下部为灰绿色薄—中厚层状浅变质含砾细砂岩，夹薄层状条带状粉砂质板岩、砾岩。上部为灰绿色薄—中厚层状板岩、条带状板岩、条带状凝灰质板岩，夹多套浅变质中粗粒岩屑杂砂岩、砾质岩屑杂砂岩及砾岩，层理较清晰。本组属于沉积盆地的萎缩期或进入萎缩期的沉积响应，反映水动力条件是阵发性快速流动机制，应属于海底斜坡扇浊流体系。与下伏地层整合接触。

3. 板溪群

板溪群呈高角度不整合覆盖于冷家溪群之上（Xian et al.，2020；Zhou et al.，2023），为滨海-陆棚相碎屑岩、黏土岩、碳酸盐岩及少量火山碎屑岩，并经受浅变质作用。岩性为紫红色砂质板岩、条带状板岩、灰白色石英砂岩、长石石英砂岩、灰绿色条带状板岩、凝灰质板岩夹凝灰岩,底部为含砾板岩、含砾砂岩和砾岩。从下往上可以分为两部分:下部分为横路冲组、马底驿组和通塔湾组;上部分为五强溪组、多益塘组、百合垄组和牛牯坪组(Xian et al.,2020)。其中,马底驿组发育粉砂质泥岩,其他组主要发育灰绿色、灰黄色砂岩、粉砂岩和凝灰质泥岩,并夹有层状凝灰岩。最新的 SHRIMP 锆石 U-Pb 定年厘定马底驿组凝灰岩夹层年龄为 804.6 ± 9.6～801.9 ± 6.3 Ma(Xian et al.,2020),五强溪组凝灰岩 SHRIMP 锆石 U-Pb 年龄为 809.3 ± 8.4 Ma(张世红等,2008)。这些年龄结果限定板溪群形成于新元古代。岩石地球化学及碎屑锆石研究表明,板溪群形成于被动大陆边缘环境,碎屑沉积物来源于扬子克拉通的新元古代火山岩和古老的大陆地壳物质(Zhou et al.,2023)。

4. 南华系

南华系(780～635 Ma;高林志等,2010)主要分布于岳阳及平江等地区,为一套在严寒气候条件下形成的冰碛岩建造,偶见基性火山岩,主要为大陆冰川沉积型的冰碛砾泥岩、冰碛砾粉砂岩,夹少量间冰期的碳泥质岩以及含锰碳酸盐岩。厚度多为 45～658 m。与下伏板溪群一般为假整合接触关系,局部不整合。由下而上,该组依次划分为富禄组、大塘坡组和南沱组。

5. 埃迪卡拉系

埃迪卡拉系(原震旦系,635～542 Ma;高林志等,2010)零星分布于浏阳七宝山、永和、枨冲及平江板口等地,属滨岸浮冰相沉积,局部为火山沉积,岩性为灰绿色、紫红色含砾板岩、石英砂岩、冰渍砾岩、碳酸盐岩、硅质岩和板岩,局部为含砾凝灰质砂岩等。与下伏地层不整合或假整合接触。下统岩性为灰岩和泥灰岩夹硅质条带及团块,其中泥灰岩段产海泡石及菊石。上统下部为潟湖相砂岩、碳质页岩夹可采煤 3～8 层,与下统呈假整合接触;上统中上部为台地相厚层灰岩、硅质灰岩夹硅质团块等。七宝山一带出露莲沱组,岩性主要为一套浅变质砂岩和砂质板岩,与下伏冷家溪群呈角度不整合接触。顾鹏等(2018)提出 *Cloudina* 和 *Shaanxilithes* 两种化石可作为埃迪卡拉系和寒武系底界的识别标志。

三、古生界

1. 寒武系

寒武系主要在平江县板口有小范围出露,构成了邓里坪向斜的核部。下部为一套海相还原环境沉积的黑色碳泥质-硅质岩,上部为碳酸盐岩建造。与新元古界灯影组(原震旦系)整合接触。

2. 泥盆系

泥盆系主要分布于古港—浏阳市一带及井冲、石塘冲—江背和高坪等地。本区缺失下统,中—上统为一套滨海-台盆相沉积,岩性为青灰色页岩、砂岩、粉砂岩、砂质页岩、灰岩及白云岩等,底部为砾岩、砂砾岩。与下伏地层呈角度不整合接触。井冲一带出露泥盆系跳马涧组,地层主要由一套砂质页岩、砾岩和板岩组成,经构造热液蚀变作用形成硅质构造角砾岩、石英构造角砾岩、硅质岩、绿泥石硅质岩、绿泥石岩、硅质绿泥石岩、混合岩化绿泥石化硅质岩等。岩石节理裂隙发育,网脉状石英细脉充填其中,主要发育黄铁矿化、黄铜矿化、铅锌矿化等,地表被氧化成褐铁矿。

3. 石炭系

石炭系主要分布于官渡—浏阳市一带及七宝山—永和、高坪等地。下统为滨岸陆屑沉积,岩性为粉砂岩、砂岩及砾岩,与下伏地层呈假整合接触;中—上统为浅海相碳酸盐岩沉积,由厚层状白云质灰岩、白云岩和灰岩组成,与下统呈假整合接触。七宝山地区出露的石炭纪地层可分为大塘阶和壶天群。其中,下石炭统大塘阶(C_1d)为灰白色石英砾岩,中—上石炭统壶天群($C_{2+3}H.$)为灰白色厚层状白云质灰岩和白云岩,与下伏地层呈角度不整合接触。

4. 二叠系

二叠系主要分布于永和、官渡—古港一带及文家市等地。下统为浅海相碳酸盐岩沉积,岩性为灰岩和泥灰岩夹硅质条带及团块,其中泥灰岩段产海泡石及菊石(永和)。上统下部为潟湖相砂岩、碳质页岩夹可采煤3~8层,与下统呈假整合接触;上统中—上部由台地相厚层灰岩、硅质灰岩夹硅质团块等组成。

四、中生界

1. 三叠系

三叠系主要见于官渡和文家市等地,为海湾潟湖相沉积,岩性为黑色粉砂质泥岩、灰白色石英砂岩、砂质泥岩、碳质泥岩和煤层。与二叠系呈假整合接触。

2. 侏罗系

侏罗系主要见于文家市及跃龙等地,高坪—七宝山之间有零星分布。下部为海陆交互相砂泥质沉积,底部为砾岩,与下伏地层呈假整合接触。至中侏罗世以后,区内结束了海相沉积的历史,进入陆相沉积阶段,以山间盆地沉积为特色,岩性为石英砂岩、粉砂岩夹黑色页岩,与下伏地层呈假整合接触。

3. 白垩系

白垩系分布范围广泛,在湘东北地区桃林铅-锌矿、井冲铜-钴-铅-锌多金属矿等出露广泛,栗山铅-锌矿及七宝山铜矿区也有小范围出露。该地层以北东向断陷盆地湖盆沉积为特色,为一套陆相磨拉石碎屑岩建造,散布于大小不等的盆地中。岩性为紫红色巨厚层状砾岩、砂砾岩夹含砾砂岩、砂质泥岩、钙质泥岩夹钙芒硝和石膏层,局部夹透镜状含铜砂岩。该组主要为滨湖、浅湖相砂、泥岩,山麓相砾岩,局部夹火山岩和盐湖相膏泥岩,与下伏地层呈角度不整合接触。

五、新生界

新生界古近系和新近系为湖相砂泥岩、盐、泥膏岩和钙芒硝,局部有碳酸盐岩及油页岩。第四系主要分布于洞庭湖盆地、湘江及其支流和山间谷地,为河湖相砾石层、砂泥层和山间残坡积物堆积。

第二节 区域构造

湘东北地区经历了自新元古代以来的扬子克拉通与华夏板块裂解、碰撞和拼合(Faure et al.,2009;Shu et al.,2011)、晚古生代—早中生代华北克拉通与华南板块碰撞作用引发陆内造山运动(Yan et al.,2003;Wang et al.,2003;Chu et al.,2014)、晚中生代古特提斯洋闭合引发的陆陆碰撞及伸展背景向古太平洋板块幕式俯冲背景转换及俯冲碰撞后的回撤作用(舒良树等,2006;Lin et al.,2008;Zhang et al.,2008;Li et al.,2016a;张鲲等,2019)。构造运动主要表现为元古宇—古生界发生区域变质和变形,不同方向、不同性质和不同样式的构造形迹组合的叠置,发生了多期次岩浆活动,导致大面积新元古代(晋宁期)、加里东期、海西—印支期、燕山期花岗岩和喜马拉雅期火山岩分布;不同时期的部分地层呈不整合接触,形成中岳构造层、加里东构造层、海西构造层、燕山构造层和喜马拉雅构造层。

由北至南,湘东北地区可进一步划分为5个次级构造单元,分别为洞庭断陷盆地(Ⅰ)、幕阜山-紫云山断隆(Ⅱ)、长沙-平江断陷盆地(Ⅲ)、连云山-衡阳断隆(Ⅳ)、醴陵-攸县断陷盆地(Ⅴ)(图2-2)。其中,洞庭断陷盆地与幕阜山-紫云山断隆之间以新宁-灰汤断裂为界,幕阜山-紫云山断隆与长沙-平江断陷盆地以冷家溪群与长沙-平江断陷盆地沉积的白垩系—古近系不整合接触为界,长沙-平江断陷盆地与连云山-衡阳断隆之间以长沙-平江断裂为界,连云山-衡阳断隆与醴陵-攸县断陷盆地之间以醴陵-攸县断裂为界(易祖水等,2008)。以上3条断裂将湘东北地区分割成了以"二隆三盆"为特色的雁列式"盆-岭"构造框架。

一、断裂

湘东北地区断裂构造发育,规模不等,变形强度不一,主要发育北东向、近东西—北东东向和南北向3组断裂。

北东向断裂主要有长沙-平江断裂和新宁-灰汤断裂等,规模大、平行展布,呈现区域性特点,是本区的主体构造。断裂走向总体为 30°～50°,倾向多北西,局部倾向南东。断裂带内可见挤压破碎带、角砾岩、糜棱岩化、断层泥和硅化带等现象。部分断裂切割白垩系及侏罗纪岩体,显示多期活动特征。长-平断裂带位于连云山断隆带与幕阜山隆起带之间,是规模巨大、长期活动的复合断裂带,经历了早—中侏罗世的左行走滑-剪切并具逆冲推覆、晚侏罗世—白垩纪的走滑-拉伸和更新世—第四纪的挤压 3 个阶段(张文山,1991;许德如等,2009)。但周岳强等(2019)认为长-平断裂带早期为左行错动,第二期为大规模拆离断层活动,晚期为小规模的右行逆断层。自西而东,F_1、F_2、F_3、F_4 和 F_5 五条断裂呈北北东向大致平行展布(张文山,1991;许德如等,2009)。该断裂是湘东北地区晚中生代拉伸构造形式的重要组成部分,也是控制该地区中—新生代以来红盆的主要边界断裂(张文山,1991),其走向北东 35°,倾向北西。F_2 为长-平断裂带的主干断裂,走向总体北东 30°,倾向北西,倾角约 40°。该断裂切割了冷家溪群、泥盆系和燕山早期侵入岩体。该断裂带沿走向不同部位所依存的围岩具有差异,如在潭口以北,主要发育于冷家溪群与泥盆系跳马涧组或冷家溪群与白垩系之间;淳口以北至潭口,发育于泥盆系跳马涧组与棋梓桥组或佘田桥组之间,局部切割了连云山岩体;淳口以南,主要发育于泥盆系跳马涧组与佘田桥组和棋梓桥组之间,局部发育于泥盆系与冷家溪群之间。此外,新宁-灰汤断裂为洞庭湖盆地的边缘断裂,倾向西或北西西,倾角 65°～75°。该断层属正断层,周边发育构造角砾岩、构造片岩等。F_2 断裂带的构造和控矿性对湘东北地区铜、钴、金等多金属成矿作用具有重要贡献(王智琳等,2020),且区域铜钴成矿作用与第二期构造演化密切相关(周岳强等,2019)。

近东西—北东东向断裂主要为一条韧性剪切带,由北向南,有望湘-平江、连云山岩体南侧、官桥-青槽-浏阳北东东向 3 条断裂,大致呈平行排列,倾向北北东,倾角 30°～65°不等,与地层产状基本一致或局部斜交。

南北向断裂主要在幕阜山岩体南侧的栗山地区至金井岩体一带发育,规模较小。

二、褶皱

区内褶皱发育,主要有东西向、北西向和北东向。其中,近东西向轴向的褶皱形成时代可能为加里东—印支期,与区域上近东西向的韧性剪切带一致,而北东向轴向的褶皱则属于燕山期南东-北西向应力作用的产物。

褶皱构造按构造层可划分为基底褶皱(四堡、晋宁、加里东期)和盖层褶皱(海西—印支期、燕山期)。加里东期及前加里东期基底褶皱形态具有紧闭、同斜甚至倒卧等共同特征,受后期构造运动影响,部分地段构造线方向发生改变。早中生代,岳阳—临湘地区自南而北依次形成总体呈东西向、轴面大多南倾的郭镇向斜、官山背斜(隆起)、临湘倒转向斜和聂市背斜等褶皱。背斜宽缓,向斜窄陡,形成隔槽式褶皱组合样式。印支期盖层以过渡型褶皱为主,受基底构造控制明显。燕山期盖层褶皱较微弱,一般呈宽缓褶曲或拱曲,受印支期后形成的拉张断陷盆地控制。如在岳阳地区,冷家溪群中轴面南倾紧闭倒转褶皱发育,走向北西西,局部轴向受中生代构造叠加影响而呈近东西向。在平江—浏阳地区,褶皱走向自北往南由北西向→东西向→北东东向转变;褶皱形态多为紧闭-同斜,轴面一般倾向南,常由一系列次级背斜和向斜组成复式褶皱,伴随轴面劈理发育。

第三节 区域岩浆岩

一、侵入岩

湘东北地区侵入岩类发育,以酸性岩为主,其次为中性岩和中酸性岩,基性—超基性岩类仅零星出露。花岗岩类具有多时代多期(次)侵入特征,从早到晚主要有新元古代、加里东期和燕山期(图2-2)。

1. 新元古代花岗岩

新元古代花岗岩主要包括张邦源、罗里、渭洞、梅仙、三墩、钟洞、长三背、大围山、葛藤岭、张坊和西园坑等十多个规模大小不等的岩体,同属于九岭复式岩体的西延部分,出露面积260 km²。主要岩性为含堇青石花岗岩和花岗闪长岩,局部见二长花岗岩。前人研究确定这些岩体成岩时代为929～761Ma,但大多集中于844～802 Ma,如张邦源岩体成岩年龄为816±4.6 Ma(马铁球等,2009),西园坑岩体成岩年龄为804±3Ma,张坊岩体成岩年龄为817±7 Ma,葛藤岭岩体成岩年龄为844～833Ma。幕阜山东段的九宫山花岗岩LA-ICPMS锆石U-Pb年龄为830±8 Ma(王艳等,2018)。赣西北地区九岭复式岩体LA-ICPMS锆石U-Pb定年结果表明,英云闪长岩、黑云母花岗闪长岩、黑云母二长花岗岩分别形成于820～823 Ma、821～824 Ma和820～825 Ma(段政等,2019)。湘东北地区新元古代侵入岩与九宫山及九岭岩体形成时代在误差范围内基本一致,同属于江南造山带中段同一时代构造背景下的岩浆活动体系。

2. 加里东期花岗岩

加里东期花岗岩在连云山—幕阜山地区有板杉铺、宏夏桥和张坊等岩体,受东西向和北西向构造控制,均呈岩株状侵入冷家溪群,岩性主要为黑云母花岗闪长岩和黑云母二长花岗岩。李建华等(2015)厘定板杉铺黑云母二长花岗岩年龄为422±2～421±2 Ma,宏夏桥黑云母花岗闪长岩年龄为423±2～421±2 Ma。张菲菲等(2010)厘定板杉铺和宏夏桥岩体锆石U-Pb年龄分别为418±2 Ma和432±6 Ma。这与赣西地区的山庄岩体成岩时代(424±3Ma;张菲菲等,2010)一致。板杉铺和宏夏桥岩体均为准铝质-过铝质花岗岩,具明显高Sr/Y和La/Yb比值和负$\varepsilon_{Nd}(t)$值,与埃达克岩类似,推测为早古生代华南地壳缩短加厚和部分熔融作用的产物(李建华等,2015)。

3. 印支期花岗岩

印支期花岗岩在湘东北地区目前仅见三仙坝花岗斑岩和木瓜园花岗斑岩(陕亮等，2019a)报道。前者与木瓜园斑岩型钨矿成矿关系密切，岩体整体长约 200 m，宽约 50 m，出露不连续。木瓜园花岗斑岩经系统采样分析表明不含矿。LA-ICPMS 锆石 U-Pb 法厘定三仙坝花岗斑岩成岩年龄为 224±2 Ma，与钨矿体中辉钼矿 Re-Os 等时线年龄(225±1 Ma)一致，表现出密切的成岩成矿关系(陕亮等，2019a)。

4. 燕山期花岗岩

燕山期是湘东北地区构造岩浆活动最强烈的时期，其分布受东西向构造与其他构造体系的联合控制，本期中、酸性侵入体出露面积达 3050 km^2。代表性岩体有幕阜山、连云山、望湘、金井等大型岩基，长乐街和蕉溪岭等大岩株。岩石类型以二长花岗岩和花岗闪长岩为主，还有少量的花岗斑岩和石英斑岩等其他小岩体(图 2-2)。岩体及周围常发育大量中酸性、酸性岩脉或小岩枝，总体形成于早燕山挤压运动之后的后碰撞-后造山环境。这些燕山期花岗岩基普遍被认为与岩体周缘伟晶岩型 Nb-Ta-Li 矿床具有密切的成因关系。

幕阜山岩体位于湘鄂赣三省交界处，出露面积达 2360 km^2，由多期次岩浆活动形成，主体形成于晚侏罗世—早白垩世阶段，精确的锆石 U-Pb 年龄限定于 154~120 Ma(Wang et al.，2014a; Ji et al.，2017; Ji et al.，2018; 刘翔等，2019; 李鹏等，2020; Li et al.，2020b; Xiong et al.，2020)。主要岩性从早至晚依次为闪长岩、黑云母花岗闪长岩、黑云母二长花岗岩、二云母二长花岗岩、白云母花岗岩，这些岩性侵入新元古界冷家溪群中。根据 Sr-Nd-Hf 同位素组成，Wang 等(2014a)对幕阜山复式岩体中 154~146 Ma 不同侵入相提出不同来源观点，即闪长岩为富集地幔来源，花岗闪长岩、黑云母二长花岗岩和二云母二长花岗岩为基性和长英质岩浆混合成因，而淡色花岗岩则由过铝质岩浆持续分异结晶而成。但是，Ji 等(2017,2018)则认为幕阜山发育晚侏罗世(151~149 Ma)和早白垩世(132~127 Ma)两期岩浆事件，低的 $\varepsilon_{Hf}(t)$ 值(−12.5~−3.6)及老的模式年龄[$T_{2DM}(t)=1.4$~2.0 Ga]表明这些过铝质花岗岩由冷家溪群变沉积岩等地壳物质的部分熔融而成。Li 等(2020b)和李鹏等(2020)也提出仁里矿区 146~140 Ma 的黑云母二长花岗岩和二云母二长花岗岩分别由中元古代地壳和新元古界冷家溪群熔融形成。

连云山岩体侵入于连云山杂岩中，受北东方向区域性断裂的控制而呈向东弧形凸出的似椭圆形，西边界为白垩系沉积岩覆盖，并以伸展滑脱断层接触，东边界则与连云山杂岩呈侵入接触关系。湖南省地质矿产局(1988)获得独居石 U-Th-Pb 年龄 164~160 Ma，整体初步确定岩体成岩时代为中侏罗世。湖南省地质调查院(2004)在区域地质调查过程中将连云山岩体划分为 3 次侵入活动：第一次侵入的细—中细粒黑云母花岗闪长岩，成岩年龄对应于前文独居石 U-Th-Pb 年龄 164 Ma；第二次侵入的中粒斑状黑云母二长花岗岩，独居石 U-Th-Pb 年龄 160 Ma；第三次侵入的细—中细粒二云母二长花岗岩，其锆石 LA-ICPMS U-Pb

年龄145±1 Ma(许德如等,2017),表明形成时代晚于第二次侵位活动约15 Ma。这些年龄结果建立了连云山岩体先后3次岩浆侵入活动年代学格架,表明连云山岩体整体形成于中—晚侏罗世。

望湘岩体分布于长沙、浏阳等地区,出露面积约1600 km²,多期侵入围岩冷家溪群中。主要岩石类型有二云母花岗岩、含石榴石花岗岩、黑云母花岗岩。其中,二云母花岗岩呈灰色、灰白色,斑状-似斑状结构,主要矿物为石英、钾长石、白云母、斜长石等。黑云母和白云母呈片状或鳞片状,斜长石多具碎裂结构。含石榴石花岗岩多为灰白色,颜色较浅,花岗结构,主要矿物为石英、长石、白云母等,副矿物有石榴石、榍石、黑云母等。石英和长石斑晶较大。黑云母花岗岩灰黑色,似斑状结构,主要矿物有石英、钾长石和黑云母。前人黑云母和白云母K-Ar法厘定这些岩相形成时代为146~132 Ma,全岩Rb-Sr等时线年龄为141~131 Ma(湖南省地质矿产局,1988)。

此外,湘东北地区还发育七宝山(锆石LA-ICP-MS和SIMS U-Pb定年结果为151±2~148±1 Ma;Yuan et al.,2018)、石蛤蟆(锆石SHRIMP U-Pb定年结果为157±2 Ma;姚宇军等,2012)、金井(全岩Rb-Sr等时线年龄为133±6 Ma;李鹏春等,2005)、三墩(锆石LA-ICP-MS U-Pb定年结果为132±1 Ma;张鲲等,2017)等晚侏罗世—早白垩世花岗岩和石英斑岩体。岩石学和Sr-Nd-Hf等同位素研究表明这些花岗岩均主要由古老基底物质重熔而成,但有幔源物质的加入(张鲲等,2017;Yuan et al.,2018)。

5. 早白垩世基性岩脉

马铁球等(2010)发现湘东北地区发育煌斑岩脉,多沿断裂带分布,走向近东西向或北西西向,个别近南北向。脉宽1~5 m,长十几米至近百米。煌斑岩呈灰绿色,主要岩石类型有云煌岩和云斜煌斑岩两种。煌斑岩全岩^{40}Ar-^{39}Ar年龄为119.5±2.2 Ma,具有较小的$T_{2DM}(t)$值(1.5 Ga)和较低的$\varepsilon_{Nd}(t)$(−7.3),暗示物质来源于交代富集地幔,形成于后造山陆内拉张减薄的构造环境(马铁球等,2010)。

二、火山岩

郭乐群等(2003)认为湘东北地区火山岩最早始于新太古代(约3028 Ma),但21世纪以来江南造山带中段地区前寒武纪变质基底岩系高精度的同位素年龄结果表明主要形成于新元古代(具体见第二章结果)。火山岩岩性以基性、酸性—中酸性为主,中性、超基性次之。该地区火山岩均遭受区域变质作用和后期构造运动的影响,岩石外貌及其产状有很大变化,是变质岩系的一部分。岩性从古陆块边缘具枕状构造的拉斑玄武岩、涧溪冲岩群基性火山岩,到陆块内部幕阜山—连云山地区连云山岩群内基性—中性火山岩,记录了湘东北古陆块早期洋盆形成、洋陆俯冲到陆-陆碰撞演化过程的信息。该时期火山岩是湘东北地区陆缘增生时期所形成的一套沟-弧岩浆建造,代表了吕梁期重要热事件。

第四节　区域矿产

江南造山带中段连云山—幕阜山地区成矿地质条件良好,矿产丰富,已知有铜、铁、铅、锌、钴、钨、锡、金、银、铌、钽、铍等20多个矿种,已知矿床(点)100多处(邹凤辉等,2016)。除木瓜园钨矿床(陕亮等,2019a)等少数晚三叠世成矿事件外,绝大部分矿产均形成于晚侏罗世—早白垩世。晚侏罗世—早白垩世成矿事件被划分为晚侏罗世侵入岩有关的铜多金属成矿系列和早白垩世侵入岩有关的成矿系列,其中后者可进一步被划分为锂铌钽等稀有金属、钨多金属、铅锌多金属、钴铜多金属和金多金属等5个成矿亚系列(陈剑锋等,2023)。

晚侏罗世侵入岩有关的铜多金属成矿系列:目前仅发现七宝山斑岩-矽卡岩型铜铅锌矿床,形成时代为153～148 Ma(胡俊良等,2017;Yuan et al.,2018),与晚侏罗世侵入岩有关。

早白垩世侵入岩有关的锂铌钽等稀有金属成矿亚系列:主要分布于幕阜山岩体和连云山岩体边缘,包括幕阜山南部仁里-传梓源锂铌钽稀有金属矿床、北部断峰山铌钽矿床以及连云山岩体北部白沙窝锂铌钽矿床,形成时代为142～125 Ma(Li et al.,2020b;周芳春等,2020;李艳军等,2021;祝明明等,2021)。成矿与早白垩世伟晶岩脉有关,甚至发育约140 Ma和约130 Ma两期成矿作用(李艳军等,2021)。此外,笔者等在幕阜山岩体内部最晚期相态如白云母花岗岩麦市、贯源和石牛冲等已发现高演化花岗岩型Li-Ni-Ta-Rb矿化,这将是连云山—幕阜山地区除伟晶岩型稀有金属矿外的另一个重要找矿方向。

早白垩世侵入岩有关的钨多金属成矿亚系列:代表性矿床为虎形山钨矿床,石英流体包裹体Rb-Sr等时线年龄为134±2 Ma,与矿区早白垩世二云母二长花岗岩年龄(138±1 Ma)基本一致。钨矿床与早白垩世侵入岩具有密切成因联系(Xu et al.,2020)。

早白垩世侵入岩有关的铅锌多金属成矿亚系列:主要分布于幕阜山岩体南部栗山及西部桃林等地区,如桃林(135±3 Ma;Shan et al.,2023)和栗山(129±1 Ma;Xu et al.,2022)铅锌矿床。

早白垩世侵入岩有关的钴铜多金属成矿亚系列:主要分布于连云山岩体北西侧与地层接触带附近,严格受长-平断裂带控制,矿体赋存于热液蚀变构造角砾岩带内,主要矿床为横洞钴矿床(约125 Ma;Zou et al.,2018)、井冲钴铜矿床(128±3 Ma;陕亮,2019;121.1±2 Ma;Peng et al.,2023)和金塘钴铜矿床(Gan et al.,2023)。

早白垩世侵入岩有关的金多金属成矿亚系列:代表性矿床如黄金洞(130±7 Ma;Deng et al.,2017)和大岩(131±6 Ma;周岳强等,2021)等金矿床,与早白垩世侵入岩具有密切成因联系(Deng et al.,2017;周岳强等,2021)。

第三章　矿床地质特征

井冲钴铜矿床位于江南造山带中段连云山岩体西侧北东向走向的长-平断裂带中段（图 3-1），矿体明显受控于该断裂带。矿区外围出露有古元古代连云山杂岩。

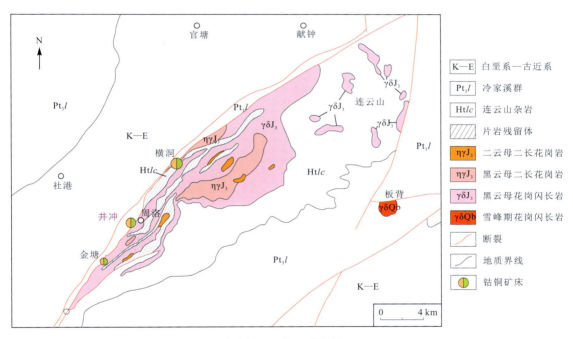

图 3-1　连云山花岗岩体及区域地质简图（据张鲲等，2019 修改）

第一节　地　层

井冲钴铜矿区地层主要出露新元古界冷家溪群、中—上泥盆统和白垩系（图 3-2）。地层总体呈北东向展布，局部被第四系覆盖。

一、新元古界冷家溪群

新元古界冷家溪群为一套暗灰色、灰黑色、浅灰绿色板岩、砂质板岩、千枚状板岩，夹变

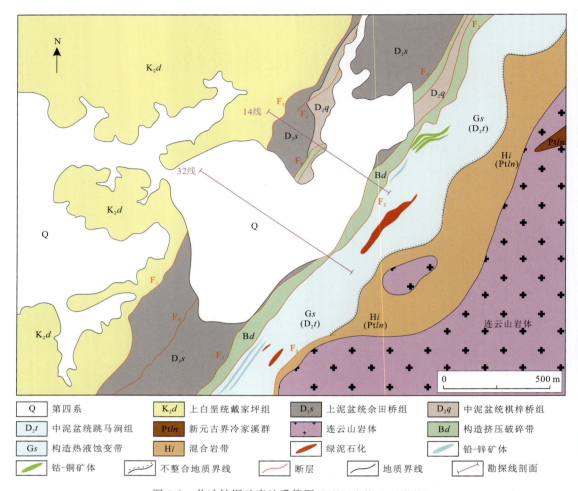

图 3-2 井冲钴铜矿床地质简图(据易祖水等,2010修改)

质粉砂岩,变质细砂岩,具复理石建造特征,其产状 305°~310°∠37°~63°。冷家溪群主要分布于矿区东部,由于受连云山岩体侵位的影响,发生混合岩化作用强烈形成出露宽度为 16~240m 的混合岩带(Hi),主要由灰色、灰绿色条带状混合岩和混合片麻岩组成,在空间呈北宽南窄的条带状展布。少量呈捕房体形式被连云山花岗岩包裹。

二、中—上泥盆统

中泥盆统跳马涧组(D_2t)岩性主要为一套砂质页岩、砾岩和板岩,出露宽度为 120~400 m。经热液蚀变后形成硅质构造角砾岩、石英质构造角砾岩、硅质岩和绿泥石化硅质岩等。岩石颜色主要为黄褐色、黄绿色、青灰色、灰白色、深绿色,呈细—隐晶质结构,块状构造,节理裂隙较发育。该组与下伏地层冷家溪群(Pt_3l)在 44 线以南为断层接触,在 44 线以北呈不整合接触关系。

中泥盆统棋梓桥组(D_2q)受断裂破坏而出露不全,出露宽度为60～140 m。由灰黑色板岩、青灰色板岩、钙质板岩夹灰岩、泥灰岩透镜体组成,下部变成碎裂板岩或板岩质角砾岩。与下伏跳马涧组(D_2t)呈断层接触关系。

上泥盆统佘田桥组(D_3s)岩层较破碎,根据岩性组合自南至北划分为两个岩性段。第一岩性段主要为青灰色、黄绿色板岩局部夹砂岩透镜体,出露宽度220～360 m,走向北东,倾向275°～320°,倾角45°～50°；第二岩性段为浅灰色、紫红色板岩夹少量青灰色板岩,地表出露250～390 m,走向北东,倾向275°～320°,倾角15°～50°。

三、上白垩统

上白垩统戴家坪组(K_2d)主要分布于矿区西部,岩性总体为一套紫红色厚层砂岩、砂砾岩及砾岩。根据钻孔资料,该地层厚度可能大于800 m,与下伏泥盆系呈断层接触。砾石次棱角状或次滚圆状,成分以板岩为主,次为粉砂岩等。砾石粒径为0.5～1 cm,最大约5cm。胶结物为泥砂质、铁质。

第二节　构　造

矿区内断裂发育,主要有F_1、F_2、F_3、F_4、F_5五条呈北北东向大致平行展布的断层(图3-2)。

F_2断裂：为区域性大断裂长-平断裂带的主干断裂,倾向总体北西,倾角23°～45°(平均40°左右),地表局部倾角达75°。该断裂发育于泥盆系棋梓桥组与跳马涧组之间,上盘岩层主要形成构造挤压破碎带(Bd),出露宽度50～160 m。带内岩石片理化、糜棱岩化和构造透镜体极为发育。角砾大多呈次棱角—半圆状,具定向排列,成分复杂,以板岩为主,次为砂岩、硅质岩、脉石英、花岗岩等。胶结物全由片状矿物组成,已糜棱岩化,呈鳞片变晶结构。下盘岩层主要形成构造热液蚀变岩带(Gs),厚度60～130 m。该构造热液蚀变岩带上部为硅质构造角砾岩,角砾呈次棱角—次圆状,成分为硅化板岩和石英岩等,硅胶结。局部具绿泥石化、地表浅部具铅锌矿化,是铅锌矿化的主要赋存部位。中部为石英质构造角砾岩、硅质构造角砾岩、石英岩、硅质岩和绿泥石岩等,岩石具强硅化、绿泥石化,局部见碳酸盐化,厚35～80 m,是铜钴矿体最主要的产出部位。下部为绿泥石岩、绿泥石化硅质岩、混合岩化绿泥硅质岩,厚10～30 m,局部可见黄铜矿化。在F_2断裂带范围内,平面上自北西向南东可依次划分为破碎板岩带、构造角砾岩带、含矿强硅化构造角砾岩带、强硅化构造角砾岩带、石英岩带、蚀变破碎岩带、构造角砾岩带等8个次级单元。F_2断裂在燕山期活动最为强烈,依次发生过剪性、张性、压扭性等不同性质的构造活动(湖南省地质矿产勘查开发局四○二队,2008)。

F_1断裂：为红层盆地边缘断裂,沿泥盆系与白垩系之间发育,纵贯全区,总体走向为北东30°,倾向北西,倾角30°～50°,至深部产状变缓。断裂所在部位形成2～25 m宽的挤压破碎带,见片理化的胶结物包裹构造透镜体和糜棱岩化构造角砾。上盘岩层陡立,为正断层,且经历了先压扭后张的力学性质转变(湖南省地质矿产勘查开发局四〇二队,2008)。

F_3断裂:位于矿区东南部,总体走向北东30°～35°,倾向北西。该断裂与混合岩接触界面发育,与F_2近似平行展布。其下盘混合岩中见成群小岩体(脉)出露,而上盘则热液活动强烈,岩石硅化强烈,仅局部见破碎角砾岩。

F_4断裂:分布于全矿区,中间多被第四系覆盖,南西方向与F_1会合,总体走向北东,产状为335°∠44°,与F_2近乎平行展布。断裂发育于泥盆系中,其挤压破碎带宽度为10～30 m(湖南省地质矿产勘查开发局四〇二队,2008),多为板岩构造角砾岩。上、下盘岩石均有碎裂现象。

F_5断裂:分布于矿区北部,北段呈北东向分布并延伸出矿区范围,断层产状为330°∠40°。断裂发育于泥盆系中,使棋梓桥组和佘田桥组岩层错断,水平错距达15～30 m。挤压破碎带宽度为5～15 m,多为板岩构造角砾岩,其上、下盘岩石均有破碎现象。断裂中见花岗斑岩脉产出。

第三节 岩浆岩

连云山花岗岩体是井冲钴铜矿区主要岩浆岩,为一复式岩体,呈岩基状产出,侵入冷家溪群中,出露面积约140 km²(邹凤辉,2016)。该岩体由多个岩性单元组成,呈不规则扁圆状分布于长-平断裂带东南侧(图3-2)。岩石类型主要为二云母二长花岗岩和黑云母花岗闪长岩,另有少量花岗斑岩脉。

二云母二长花岗岩:呈灰白色,中—细粒花岗结构,块状构造。主要组成矿物为石英(含量约为35%)、斜长石(含量约为30%)、钾长石(含量约为25%)、黑云母(含量约为5%)和白云母(含量约为5%)。斜长石聚片双晶发育,石英裂纹常见,黑云母和白云母呈片状或鳞片状(许德如等,2009)。

黑云母花岗闪长岩:呈灰—灰白色,似斑状结构,块状构造。似斑晶为斜长石,半自形—自形板状结构,长径为1.5～3 cm,含量约为10%。基质为中细粒花岗结构,主要组成矿物为石英、斜长石、钾长石和黑云母(图3-3 a,b)。石英呈灰白色油脂光泽,呈他形粒状结构,粒径为1～5 mm,含量约为30%;斜长石呈白色玻璃光泽,半自形—自形板状结构,长径为2～5 mm,含量约为35%;钾长石呈他形粒状结构,粒径为1～3 mm,含量约为5%;黑云母呈片状,片径为0.5～2 mm,含量约为20%。

花岗斑岩呈脉状侵入黑云母花岗闪长岩中(图3-3 d)。脉状花岗斑岩核部暗色矿物较边部多,主要为黑云母,呈明显定向排列,与边部具有明显边界(图3-3 e)。核部呈灰白色,主要组成成分为石英、斜长石、钾长石、黑云母和少量白云母。石英呈他形粒状结构,粒径为

1~4 mm,含量约为40%;斜长石呈他形粒状结构,粒径为1~4 mm,含量约为50%;钾长石呈他形粒状结构,粒径为1~2 mm,含量约为5%;黑云母呈片状,片径为1~2 mm,含量约为5%;白云母呈片状,片径为0.5~1 mm。花岗斑岩边部暗色矿物较少,呈灰白色、白色(图 3-3 e),斑状结构。斑晶为石英(含量 35%)和斜长石(含量 40%),石英斑晶呈他形粒状,粒径为 5~10 mm,斜长石斑晶呈他形粒状,粒径为 5~15 mm。基质主要为长英质,以斜长石(10%)、石英(10%)和钾长石(5%)为主,含少量白云母。

图 3-3 黑云母花岗闪长岩(a~c)和花岗斑岩(d~f)野外及镜下照片

Qz. 石英;Pl. 斜长石;Bi. 黑云母;Mu. 白云母

第四节 矿体地质特征

一、矿体特征

矿体主要赋存于 F_2 断裂下盘热液构造角砾岩带中(图 3-4)。矿体一般长约 200 m,宽 20~30 m,呈透镜状、似层状或脉状产出,彼此近平行展布。矿体向西南方向侧伏,倾伏角约 25°,在侧伏方向上尖灭再现,或尖灭侧现。矿化垂向分带明显,表现为深部铜矿化、中部钴矿化、浅部铅锌矿化(图 3-4)。已共圈出铜钴矿体 6 个,铅锌矿化体 4 个,均位于矿化带下部的硅质构造角砾岩、绿泥石化硅质岩中。

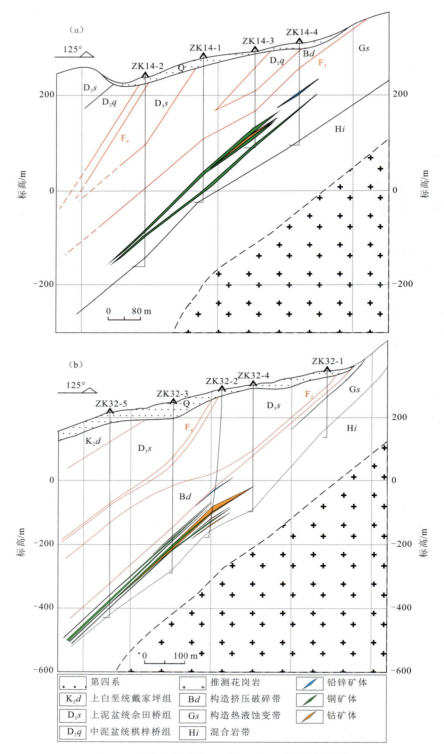

图 3-4 井冲钴铜矿床 14 线(a)和 32 线(b)剖面图

1. 铜钴矿体

圈出的 6 个铜钴矿体彼此互相平行排列,相距一般 3~10 m。在侧伏方向上,矿体呈尖灭再现或尖灭侧现分布,受构造岩性控制明显。主矿体有 7 号、8 号和 9 号 3 个,资源量之和约占全矿区总量的 85%(湖南省地质矿产勘查开发局四〇二队,2008)。

7 号矿体规模较大,地表出露长度为 162 m,出露最高标高为 401.0 m,控制最低标高为 −658.70 m,矿体倾向北西,倾角 36°~47°。矿体沿侧伏方向呈透镜体产出,侧伏总长 2380 m,在剖面上矿体最大斜长 592 m,最小 50 m,厚度为 0.31~11.11 m(平均 2.98 m),铜品位为 0.40%~1.56%(平均 0.74%),钴品位为 0.013%~0.044%(平均 0.026%)(湖南省地质矿产勘查开发局四〇二队,2008)。沿侧伏方向铜矿化类型以浸染状为主变为脉状和团块状。矿体赋存于矿化带下部硅质构造角砾岩、绿泥石化硅质岩中,其上部为绿泥石岩,下部为硅质构造角砾岩或绿泥石岩。在 7 号矿体顶部还发现有铅锌矿体,呈长条状产出于硅质构造角砾岩中,总体以脉状、团块状和粒状集合体为主,少数呈星点状分布。矿体长轴方向与构造热液蚀变岩带的走向一致,剖面方向上则分布在铜钴矿体的斜上方(图 3-4)。

8 号矿体地表出露长度为 224 m,出露最高标高 393.7 m,控制最低标高 −669.06 m,矿体倾向北西,倾角为 38°~45°。沿侧伏方向长 2528 m,且连续性好。在倾向上呈条带状,最大斜长 434 m,最小斜长 145 m(平均 309.2 m)。矿体厚度为 0.82~8.89 m,平均为 2.89 m,单工程铜品位为 0.33%~1.67%(平均 0.647%)(湖南省地质矿产勘查开发局四〇二队,2008)。矿体赋存于绿泥石岩、硅质岩、石英质构造角砾岩、石英岩或硅质石英岩、硅质绿泥石岩中。由浅部到深部黄铜矿以脉状、团粒状为主→以浸染状、星点状为主→以细脉状、星点状为主。

9 号矿体地表出露长度为 232 m,出露最高标高 390.0 m,控制最低标高 −648.26 m,矿体倾向北西,倾角 39°~46°。沿侧伏方向矿体呈长条状,长为 2430 m。沿倾向上矿体亦呈条带状,最大斜长 536 m,最小斜长 50 m。矿体厚度为 0.74~16.67 m(平均 2.97 m)。单工程铜品位为 0.29~1.41%(平均 0.693%)(湖南省地质矿产勘查开发局四〇二队,2008)。矿体赋存于矿化带上部的硅质构造角砾岩、硅质绿泥石岩、硅质岩和绿泥石化硅质岩中。黄铜矿以浅部脉状、团块状和星点状为主向深部转变为以浸染状和星点状为主。

2. 铅锌矿化体

F_2 断裂带下盘的构造热液蚀变岩带中发现有规模较小的铅锌矿化体。矿化体长轴方向与构造热液蚀变岩带走向一致,在深部它们分布在铜矿化体的斜上方。由北东向南西与铜矿体的距离逐渐加大,至 68 线铅锌矿化体与铜矿体一端的距离达 600 m。矿体走向上不连续、规模小、下延短。

按产出相对位置,铅锌矿可分为 4 个矿化体(Ⅰ、Ⅱ、Ⅲ和Ⅳ),其中Ⅳ矿化体规模较大。Ⅳ矿化体走向北东 30°,倾向北西,倾角 36°~46°,走向上不连续,总长约 1500 m,其间圈出

Ⅳ₁和Ⅳ₂两个小矿体,呈长条状产出。矿体倾向上长度最大为224 m,最小为80 m(平均108.8 m),厚度最大为1.74 m,最小为0.42 m(平均1.41 m)。单工程铅品位最高为2.01%(平均1.04%)、锌品位最高为4.52%(平均1.51%)。铅锌矿体产于硅质构造角砾岩中,以脉状、团块状和粒状集合体为主,少数呈星点状分布。

二、矿石特征

井冲钴铜矿床矿石类型主要有蚀变构造角砾岩型、石英硫化物脉型和蚀变碎裂岩型3种(图3-5)。蚀变构造角砾岩型矿石由含矿热液沿裂隙或破碎带贯入,胶结强硅化和绿泥石化围岩而形成角砾状构造,可见明显的黄铁矿呈斑点状分布。蚀变碎裂岩型矿石呈脉状或网脉状构造,由成矿热液中沿围岩中裂隙运移时沉淀形成,以强硅化和绿泥石化为特征。石英硫化物脉型矿石以脉状或条带状石英、黄铁矿和黄铜矿集合体为特征(图3-5 g,h),由含矿热液沿围岩裂隙充填而成,矿石与围岩边界明显,可见星点状辉砷钴矿(图3-5 i)。

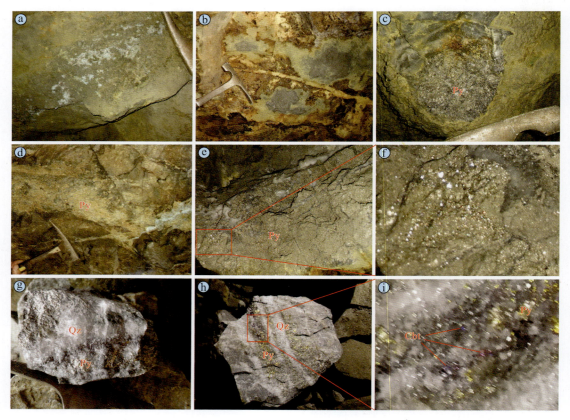

图3-5 井冲钴铜矿床矿石野外照片

a、b. 坑道中富钴矿石;c、d. 蚀变碎裂岩型矿石;e. 中阶段块状矿石;f. 局部放大,可见黄铁矿中星点状黄铜矿;g、h. 石英硫化物脉型矿石;i. 局部放大,可见矿石中星点状辉砷钴矿。矿物缩写:Py. 黄铁矿;Cbt. 辉砷钴矿;Qz. 石英

矿石矿物主要为黄铁矿、黄铜矿和辉砷钴矿,次为黝铜矿、辉铜矿、斑铜矿、闪锌矿、方铅矿等,脉石矿物主要为石英和绿泥石,含少量绢云母和方解石。

黄铁矿:是井冲钴铜矿床中最常见的矿石矿物,根据微观显微特征可划分为早期粗粒黄铁矿(PyⅠ)和晚期细粒黄铁矿(PyⅡ)。PyⅠ镜下呈淡黄色,高反射率,均质性,高硬度(图 3-6 a,b),背散射(BSE)图像中粗粒黄铁矿呈深灰色,结构均一无明显明暗变化(图 3-7 a,i,j),半自形—自形粒状结构,碎裂结构,粒径大多为 1~2 mm。PyⅡ镜下呈淡黄色,高反射率,均质性(图 3-6 c,g),BSE 图像中结构均一,无明显明暗变化(图 3-7 b,d,f),他形、半自形—自形粒状结构,粒径为 10~200 μm,常与黄铜矿、闪锌矿和辉砷钴矿等矿物共生(图 3-7 d),可见被包裹于黄铜矿(图 3-6 c,图 3-7 c)和辉砷钴矿(图 3-7 e)中。

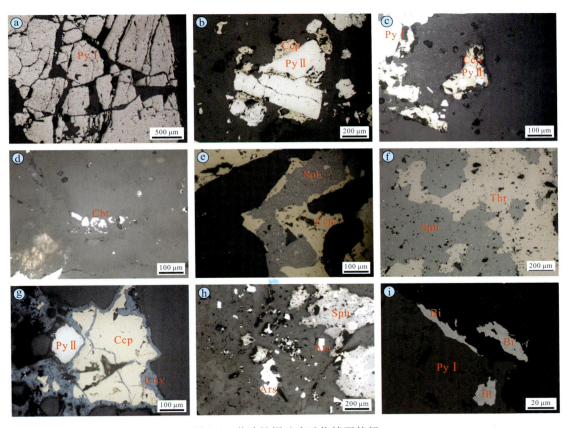

图 3-6 井冲钴铜矿床矿物镜下特征

a. 碎裂状粗粒黄铁矿(PyⅠ);b. 黄铜矿呈细脉状沿细粒黄铁矿(PyⅡ)裂隙穿插交代;c.(PyⅡ被包裹于黄铜矿中呈包含结构;d. 他形细粒辉砷钴矿;e. 黄铜矿在闪锌矿中呈乳滴状固溶体分离结构;f. 黝铜矿交代闪锌矿;g. 铜蓝包裹黄铜矿;h. 毒砂被 PyⅡ、黄铜矿、闪锌矿交代;i. 铋矿物(Bi)交代 PyⅠ。矿物缩写:PyⅠ. 粗粒黄铁矿;PyⅡ. 细粒黄铁矿;Ccp. 黄铜矿;Cbt. 辉砷钴矿;Sph. 闪锌矿;Thr. 黝铜矿;Cov. 铜蓝;Ars. 毒砂;Bi. 铋矿物

辉砷钴矿:镜下呈白色带淡粉色,均质性(图 3-6 d),无内反射,BSE 图像呈灰白色,结构均一无明显明暗差异,他形粒状结构,粒径为 5~40 μm,多数为 5~20 μm,常与 PyⅡ、黄铜

矿和闪锌矿等矿物密切共生(图 3-7 d,f,l),部分辉砷钴矿包裹 PyⅡ(图 3-7 e)生长。

黄铜矿:镜下呈黄铜色,较高反射率,具明亮金属光泽,表面常见蓝、紫褐色斑状青色,BSE 图像中呈灰色,颜色均一,孔隙发育,他形粒状结构,粒径范围较大,10~500 μm 均有发

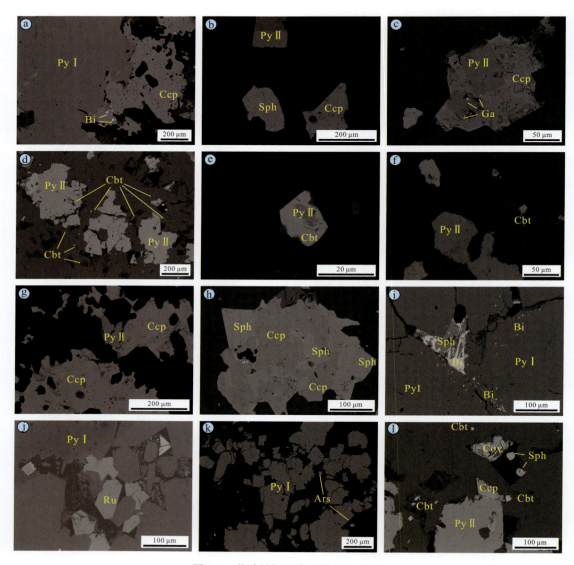

图 3-7 井冲钴铜矿床矿物 BSE 图像

a. 黄铜矿交代 PyⅠ;b. 黄铜矿、闪锌矿与 PyⅡ共生;c. 黄铜矿交代 PyⅡ;d. 辉砷钴矿与 PyⅡ密切共生;e. 辉砷钴矿交代 PyⅡ;f. 他形细粒辉砷钴矿与 PyⅡ密切共生;g. 黄铜矿交代 PyⅡ,且被后期热液交代溶蚀,呈港湾状交代残余结构;h. 黄铜矿交代闪锌矿;i. 闪锌矿和铋矿物充填于 PyⅠ裂隙中;j. PyⅠ裂隙中充填于自形金红石;k. 毒砂与 PyⅠ共生;l. 他形细粒辉砷钴矿与 PyⅡ、黄铜矿、闪锌矿密切共生,铜蓝交代黄铜矿。矿物缩写:PyⅠ. 粗粒黄铁矿;PyⅡ. 细粒黄铁矿;Cbt. 辉砷钴矿;Ccp. 黄铜矿;Sph. 闪锌矿;Ga. 方铅矿;Bi. 铋矿物;Ru. 金红石;Ars. 毒砂;Cov. 铜蓝

现,常沿早期PyⅠ裂隙充填交代,呈脉状结构(图 3-6 b),也可包裹晚期PyⅡ呈包含结构(图 3-7 c),甚至被晚期热液交代溶蚀,形成交代残余结构(图 3-7 a,g),也有部分呈乳滴状固溶体分离结构均匀分布于闪锌矿中(图 3-6 e)。

毒砂:显微镜下呈亮白色,高反射率,高硬度,晶形断面常为菱形、楔形、长柱状和短柱状,他形、半自形—自形粒状结构,粒径为20～300 μm,常与PyⅠ密切共生(图 3-7 k),但被PyⅡ、黄铜矿、闪锌矿和辉砷钴矿等交代(图 3-6 h)。

闪锌矿:显微镜下呈灰色,低反射率、均质性、中等硬度,可见棕红色内反射,BSE 图像中呈浅灰色,他形粒状结构,粒径变化范围大(20～1500 μm),其间均匀分布有乳滴状黄铜矿(图 3-6 e),常与PyⅡ、辉砷钴矿和黄铜矿等共生(图 3-7 b,l)或充填于PyⅠ裂隙中(图 3-7 i)。

方铅矿:镜下呈白色,较高反射率,低硬度,常有擦痕,均质性,具有特征的黑三角孔,BSE 图像呈白色,常与闪锌矿、黄铜矿和PyⅡ共生或沿裂隙交代PyⅡ(图 3-7 c)。

铋矿物:在显微镜下未有发现,但在 BSE 图像中呈灰白色,他形粒状结构,粒径为5～100 μm,常沿PyⅠ裂隙充填交代(图 3-7 i)。

铜蓝:镜下呈深蓝色,显多色性(深蓝色、蓝白色),强非均质性,偏光色为火橙色,BSE 图像呈浅灰色(图 3-7 l),常沿黄铜矿边缘或裂隙交代呈镶边结构和脉状结构。

三、围岩蚀变

围岩蚀变以硅化和绿泥石化为主(图 3-8),次为碳酸盐化和绢云母化。硅化发育在各个成矿阶段,主要表现为碎屑岩褪色和重结晶,碳酸盐岩石硬度增大和硅质含量增高等。硅化与金属矿化关系十分密切,黄铜矿、辉砷钴矿、黄铁矿、方铅矿、闪锌矿等均赋存于硅化岩石中。绿泥石化也常见,多与硅化伴生,主要分为呈面状分布于围岩中的绿泥石(Chl-Ⅰ)、结晶较好的板状绿泥石(Chl-Ⅱ)、细小鳞片状集合体绿泥石(Chl-Ⅲ)三类(王智琳等,2015b)。碳酸盐化主要表现为方解石细脉穿插早期形成的矿石,形成于成矿晚阶段。

图 3-8 井冲钴铜矿区绿泥石化镜下照片

Chl. 绿泥石

四、成矿阶段划分

根据矿体穿插关系、脉状矿体内部矿化分带、矿石结构构造和交代蚀变等室内镜下岩矿鉴定特征,井冲钴铜矿床成矿过程可划分为3个成矿阶段(表3-1),分别为石英-粗粒黄铁矿阶段、钴铜硫化物阶段和石英-碳酸盐阶段。石英-粗粒黄铁矿阶段主要形成粗粒黄铁矿(PyⅠ)、磁黄铁矿、毒砂和石英等矿物。PyⅠ一般为半自形—自形结构,大多被压裂。钴铜硫化物阶段主要形成细粒黄铁矿(PyⅡ)、黄铜矿、闪锌矿、方铅矿、辉砷钴矿和石英等矿物,辉砷钴矿粒径集中于5~30 μm,Wang等(2022)也通过BSE照相和EPMA扫面发现了细粒状或环带状钴矿物赋存于细粒黄铁矿中。此外,该阶段可能发育类质同象赋存状态的钴(易祖水等,2008,2010;Wang et al.,2017;刘萌等,2018;黄宝亮等,2020;钟鸣等,2021)。钴铜硫化物阶段还伴生有少量斑铜矿、辉铜矿、方铅铋矿和硫铜铋矿等矿物,是主成矿阶段。石英-碳酸盐阶段主要发育方解石和石英细脉。

表 3-1 井冲钴铜矿床矿物生成顺序表

矿物	阶段		
	石英-粗粒黄铁矿阶段	钴铜硫化物阶段	石英-碳酸盐阶段
石英		━━━━━━━	
绿泥石	━━━━━━━		
黄铁矿	PyⅠ	PyⅡ	
磁黄铁矿	··········		
毒砂	──────		
闪锌矿		──────	
黄铜矿		──────	
黝铜矿		──────	
辉砷钴矿		━━━━━━━	
斑铜矿		··········	
辉铜矿		··········	
方铅矿		··········	
金红石		··········	
方铅铋矿		··········	
硫铜铋矿		··········	
方解石			──────

━━━ 主量　────── 少量　·········· 极少量

第四章　钴赋存状态

对井冲钴铜矿床富钴矿石开展显微镜下观察，并采用 TIMA 集成矿物分析、BSE 电子成像、EDS 能谱分析、EPMA 电子探针、黄铁矿 LA-ICPMS 微量元素分析等微区原位测试技术方法，深入研究井冲钴铜矿床矿物组合及组成特征，确定矿石中钴赋存状态。

第一节　TIMA 集成矿物分析

对井冲钴铜矿床 3 块矿石探针片（JC7-0-3、JC8-50-5 和 JC3-1-2-2）进行 TIMA 集成矿物分析，结果见表 4-1。

表 4-1　井冲钴铜矿床矿石 TIMA 矿物质量分数　　　　　单位：%

样品	JC7-0-3	JC8-50-5	JC3-1-2-2
石英	65.33	81.96	43.70
黄铁矿	17.38	14.09	53.49
闪锌矿	14.48	0.01	0.01
黄铜矿	0.93	2.79	1.37
毒砂	0.67	0.00	0.01
铁氧化物	0.09	0.03	0.24
高岭石	0.07	0.22	0.04
斑铜矿	0.10	0.02	0.00
钴矿物	0.01	0.02	0.02
方铅矿	0.03	0.01	0.00
金红石	0.00	0.02	0.00
方铅铋矿	0.01	0.01	0.00
辉铜矿	0.01	0.79	0.00
未识别	0.87	0.79	1.12
其他	0.01	0.01	0.00
总计	100.00	100.00	100.00

样品 JC7-0-3 采自地表，样品中发现矿物 12 种（表 4-1）。矿石矿物主要为黄铁矿和闪锌矿，次为黄铜矿、毒砂和斑铜矿，含少量铁氧化物、方铅矿、辉砷钴矿、辉铜矿及针硫铋铅矿，脉石矿物主要为石英和高岭石（图 4-1）。黄铁矿呈半自形—自形粒状分布于石英中，粒径为 10~1200 μm；闪锌矿呈他形粒状分布于石英中，粒径为 10~1000 μm，内部均匀分布有乳滴状黄铜矿，粒径为 5~10 μm。

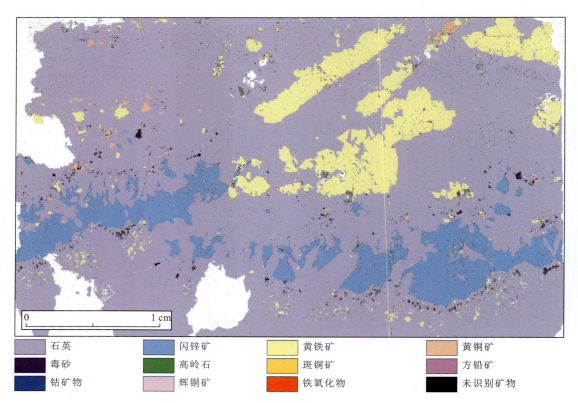

图 4-1 井冲钴铜矿床矿石样品（JC7-0-3）TIMA 分析结果

样品 JC8-50-5 采自坑道 50 m 中段，样品中共发现矿物 11 种（表 4-1）。矿石矿物主要为黄铁矿和黄铜矿，含少量铁氧化物、斑铜矿、辉砷钴矿、金红石、闪锌矿、辉铜矿及针硫铋铅矿，脉石矿物主要为石英和高岭石（图 4-2）。黄铁矿呈半自形—自形粒状分布于石英中，粒径为 10~500 μm。相较于地表样品，矿石中钴矿物含量开始增加，方铅矿消失，石英、黄铜矿含量明显增加。

样品 JC3-1-2-2 采自坑道 100 m 中段，样品矿物组成简单，除未识别矿物外，共发现矿物 8 种（表 4-1）。其中矿石矿物主要为黄铁矿，次为黄铜矿和毒砂，含少量铁氧化物、硫砷钴矿、辉砷钴矿及闪锌矿，脉石矿物主要为石英、高岭石（图 4-3）。与浅层及地表矿石相比，100 m 中段矿石样品中黄铁矿含量明显增多，石英含量明显减少。黄铁矿呈半自形—自形粒状分布于石英中，粒径为 10~1500 μm。

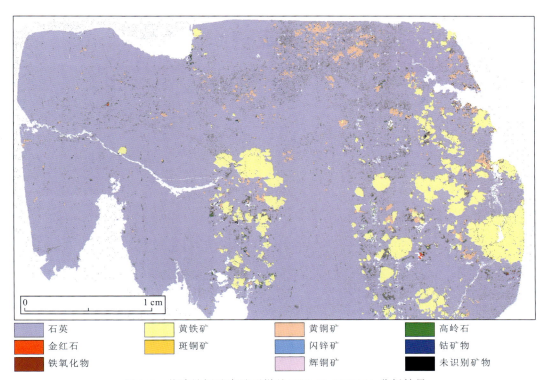

图4-2 井冲钴铜矿床矿石样品(JC8-50-5)TIMA分析结果

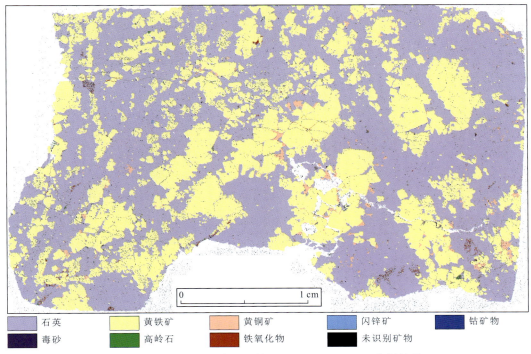

图4-3 井冲钴铜矿床矿石样品(JC3-1-2-2)TIMA分析结果

TIMA 集成矿物分析显示这些样品中独立钴矿物呈他形粒状结构，粒径为 5～40 μm，常与细粒黄铁矿、黄铜矿和闪锌矿等矿物密切共生（图 4-4）。

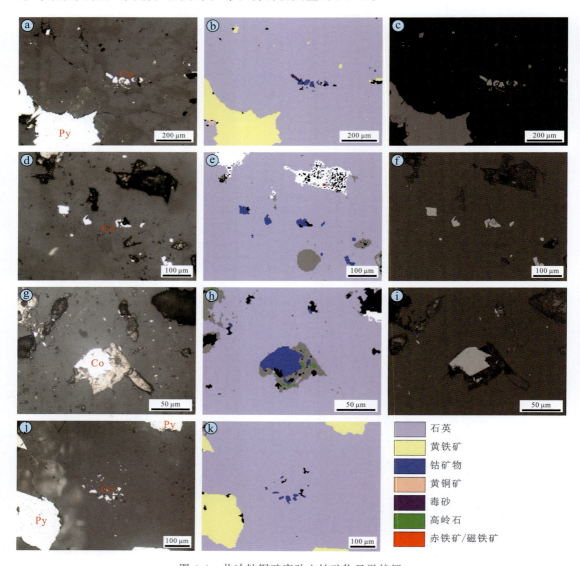

图 4-4　井冲钴铜矿床独立钴矿物显微特征

a~c、d~f 和 g~i 分别为独立钴矿物对应的反射光、TIMA 及 BSE 照片；j~k 分别为反射光和 TIMA 照片
Py. 黄铁矿；Co. 钴矿物

第二节　EDS 能谱分析

结合 TIMA 矿物识别图，使用扫描电子显微镜（SEM）和能谱仪（EDS）对井冲钴铜矿床

黄铁矿、黄铜矿、闪锌矿、辉砷钴矿进行定性和半定量分析。能谱分析结果显示井冲钴铜矿床钴矿物出现 Co、As 和 S(图 4-5 a)或 Co、Fe、As 和 S(图 4-5 c)两种类型元素峰组合。但由于 EDS 分辨率低，属定性和半定量分析，因此不能根据图谱直接确定矿物名称及矿物中各

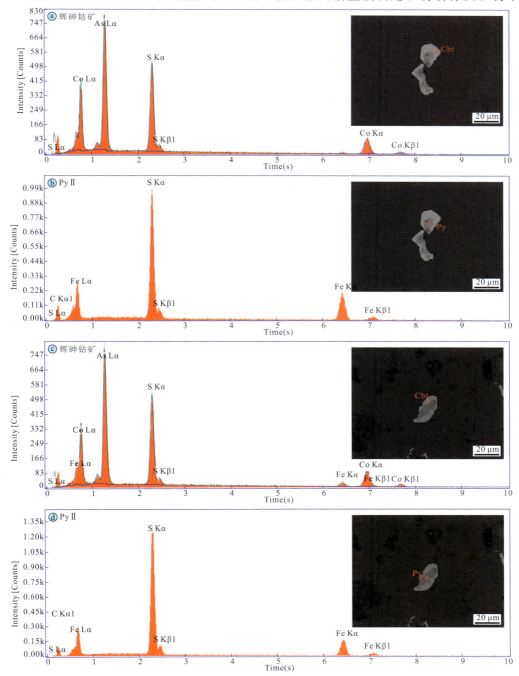

图 4-5　井冲钴铜矿床钴矿物(a、c)和被交代矿物(b、d)能谱图

元素含量(杨志明,2006),但可确定为钴矿物。独立钴矿物内部被交代矿物能谱分析显示元素峰为 S 和 Fe,初步确定为细粒黄铁矿(PyⅡ)。

PyⅠ和 PyⅡ能谱分析确定元素能谱峰值元素均为 Fe 和 S(图 4-6 a,b),确定为黄铁矿。毒砂进行能谱分析时得到元素能谱峰值元素为 Fe、As 和 S(图 4-6 c)、黄铜矿元素能谱峰值元素为 Cu、Fe 和 S(图 4-7 a)、闪锌矿的元素能谱峰值元素为 Zn、Fe 和 S(图 4-7 b)。金红石能谱分析元素能谱峰值元素为 Ti 和 O(图 4-7 c);铋矿物能谱分析发现 Bi 和 S(图 4-8 a)、Bi、Cu 和 S 元素(图 4-8 b)或 Bi、Cu、Ag 和 S(图 4-8 c)两种类型元素峰组合,初步判断为辉铋矿和含银铜铋矿。

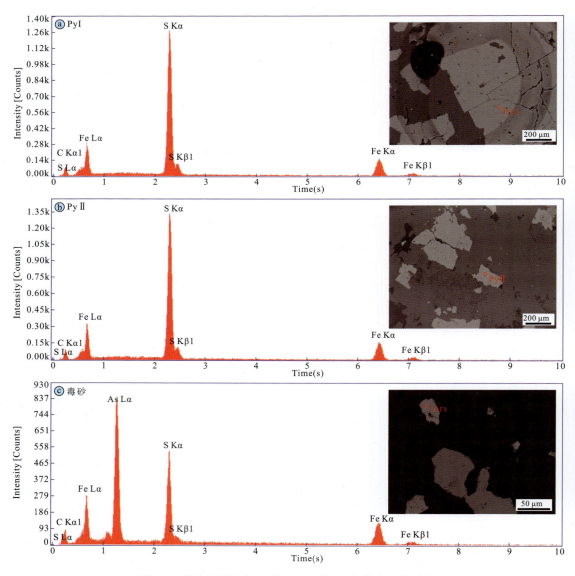

图 4-6　井冲钴铜矿床 PyⅠ(a)、PyⅡ(b)和毒砂(c)能谱图

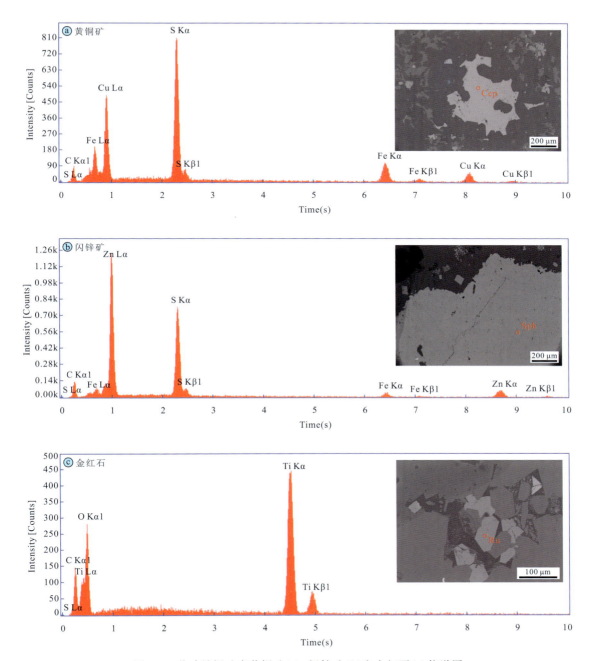

图 4-7　井冲钴铜矿床黄铜矿（a）、闪锌矿（b）和金红石（c）能谱图

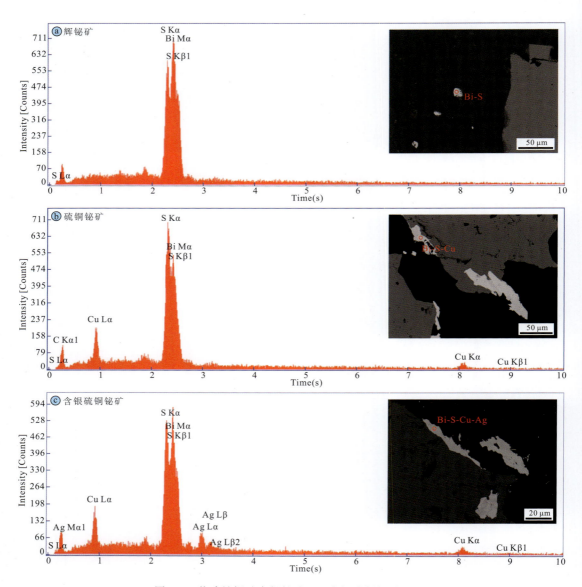

图 4-8 井冲钴铜矿床辉铋矿(a)、含银硫铜铋矿(b、c)

第三节 电子探针成分分析

对井冲钴铜矿床两阶段黄铁矿、黄铜矿、闪锌矿、钴矿物、铋矿物开展高精度电子探针(EPMA)测试分析,数据见表 4-2。

表 4-2 井冲钴铜矿床辉砷钴矿、黄铁矿、毒砂、黄铜矿和闪锌矿 EPMA 电子探针数据

单位：wt.%

测点编号	矿物	Ag	S	As	Fe	Zn	Cd	Cu	Co	Mo	Ni	Pb	Sb	Bi	总计
701-Gla01	Cbt	—	22.550	41.853	1.140	—	—	—	34.617	0.273	0.310	—	0.049	—	100.792
8503-Gla1	Cbt	—	23.288	41.065	2.159	—	—	—	34.379	0.193	0.052	—	0.081	—	101.217
703-a-Gla01	Cbt	—	22.330	41.250	2.107	—	—	—	34.832	0.162	0.939	—	0.037	—	101.657
703-c-Gla2	Cbt	—	21.327	43.431	4.836	—	—	—	30.742	0.177	0.066	—	—	—	100.579
3122-e-Gla01	Cbt	—	22.482	42.605	4.681	—	—	—	32.099	0.242	—	—	—	—	102.109
3122-e-Gla02	Cbt	—	23.098	40.900	2.145	—	—	—	34.818	0.180	0.009	—	—	—	101.150
3122-e-Gla03	Cbt	—	22.834	40.806	2.461	—	—	—	34.098	1.075	—	—	0.029	—	101.303
3122-e-Gla06	Cbt	—	22.518	41.297	3.315	—	—	—	31.978	0.191	0.111	—	0.019	—	99.429
3122-e-Gla09	Cbt	—	20.830	41.670	3.295	—	—	—	30.701	0.192	0.352	—	—	—	97.040
3122-e-Gla14	Cbt	—	22.450	41.196	2.626	—	—	—	32.942	0.213	0.206	—	—	—	99.633
3122-e-Gla15	Cbt	—	22.374	41.083	2.831	—	—	—	34.311	0.124	0.061	—	—	—	100.784
3122-e-Gla17	Cbt	—	22.957	41.124	3.618	—	—	—	32.759	0.231	—	—	—	—	100.689
8505-b-Gla01	Cbt	—	21.172	40.588	2.596	—	—	—	31.011	0.177	0.261	—	—	—	95.805
8505-b-Gla06	Cbt	—	22.108	43.359	2.253	—	—	—	33.947	0.179	0.365	—	—	—	102.211
8505-b-Gla08	Cbt	—	20.893	42.157	2.034	—	—	0.090	33.091	0.217	0.904	—	0.049	—	99.345
8505-b-Gla09	Cbt	—	21.731	42.740	2.474	—	—	—	32.315	0.159	0.654	—	0.013	—	100.086
8505-b-Gla13	Cbt	—	22.647	39.975	3.798	—	—	—	28.369	0.228	0.709	—	—	—	95.726
8505-b-Gla14	Cbt	—	22.544	42.266	3.847	—	—	—	32.656	0.209	0.151	—	0.033	—	101.796
8505-b-Gla16	Cbt	—	22.374	42.248	2.449	—	—	—	33.033	0.157	0.468	—	0.018	—	100.747
8505-b-Gla17	Cbt	—	22.319	43.303	3.991	—	—	—	31.089	0.123	0.810	—	0.029	—	101.664

续表 4-2

测点编号	矿物	Ag	S	As	Fe	Zn	Cd	Cu	Co	Mo	Ni	Pb	Sb	Bi	总计
8505-b-Gla18	Cbt	—	20.949	38.924	3.133	—	—	—	32.434	0.195	0.657	—	—	—	96.335
8505-b-Gla22	Cbt	—	27.437	30.700	19.311	—	—	—	24.076	0.254	0.667	—	0.043	—	102.492
8505-b-Gla26	Cbt	—	21.843	44.025	3.301	—	—	0.248	32.081	—	0.802	—	0.047	—	102.313
8505-b-Gla28	Cbt	—	21.612	42.523	1.069	—	—	—	33.681	0.219	1.234	—	0.013	—	100.389
8505-b-Gla29	Cbt	—	21.795	39.511	3.373	—	—	—	32.542	0.245	0.366	—	0.051	—	97.840
701-Py05	PyⅠ	—	53.230	0.180	44.020	—	—	—	0.650	—	—	—	0.008	—	98.080
701-Py06	PyⅠ	—	53.000	0.520	45.290	—	—	0.090	0.040	—	—	—	—	—	98.940
701-Py07	PyⅠ	—	52.350	1.740	45.910	—	—	0.060	0.020	—	—	—	—	—	100.080
701-Py08	PyⅠ	—	53.580	0.130	46.310	—	—	—	0.170	—	—	—	—	—	100.190
701-Py09	PyⅠ	—	53.120	0.190	46.260	—	—	0.110	0.020	—	—	—	—	—	99.700
701-Py16	PyⅠ	—	53.350	0.180	46.210	—	—	—	0.420	—	—	—	—	—	100.160
701-Py17	PyⅠ	—	53.530	0.170	45.460	—	—	0.090	0.090	—	—	—	—	—	99.340
701-Py18	PyⅠ	—	53.530	0.560	45.790	—	—	0.020	0.060	—	—	—	—	—	99.960
701-Py19	PyⅠ	—	53.140	0.770	46.080	—	—	—	0.150	—	—	—	—	—	100.140
701-Py20	PyⅠ	—	53.580	0.210	46.730	—	—	0.020	0.040	—	—	—	—	—	100.580
701-Py21	PyⅠ	—	53.260	1.140	46.480	—	—	0.050	0.130	—	—	—	—	—	101.060
701-Py22	PyⅠ	—	52.810	0.970	46.830	—	—	—	0.060	—	—	—	—	—	100.670
701-Py23	PyⅠ	—	53.370	0.220	46.280	—	—	—	0.110	—	—	—	—	—	99.980
701-Py24	PyⅠ	—	52.820	0.220	46.010	—	—	—	0.030	—	—	—	—	—	99.080
701-Py25	PyⅠ	—	53.550	0.190	45.600	—	—	0.020	0.130	—	—	—	—	—	99.490

续表 4-2

测点编号	矿物	Ag	S	As	Fe	Zn	Cd	Cu	Co	Mo	Ni	Pb	Sb	Bi	总计
702-a-Py01	Py I	—	53.720	0.290	46.950	—	—	0.070	0.180	—	—	—	—	—	101.210
702-a-Py02	Py I	—	53.400	0.810	46.910	—	—	—	0.170	—	0.010	—	0.010	—	101.310
702-b-Py01	Py I	—	52.850	0.210	46.120	—	—	0.020	0.010	—	—	—	—	—	99.210
702-b-Py02	Py I	—	53.290	0.250	46.360	—	—	0.080	0.140	—	—	—	—	—	100.120
703-A-Py01	Py I	—	52.810	1.180	45.380	—	—	0.030	0.060	0.503	—	—	0.010	—	99.973
703-A-Py02	Py I	—	54.350	0.220	46.610	—	—	0.090	0.070	0.481	—	—	—	—	101.821
703-A-Py03	Py I	—	53.020	0.670	45.710	—	—	—	0.100	0.539	—	—	—	—	100.039
3122-b-Py01	Py I	—	54.480	0.470	46.340	—	—	—	0.090	—	—	—	—	—	101.290
3122-b-Py02	Py I	—	54.150	0.450	46.030	—	—	0.060	0.070	—	—	—	—	—	100.720
3122-b-Py03	Py I	—	52.650	0.650	45.280	—	—	0.130	0.040	—	—	—	0.030	—	98.740
3122-b-Py04	Py I	—	52.770	0.350	45.200	—	—	0.080	0.100	—	—	—	—	—	98.490
3122-c-Py01	Py I	—	53.190	0.350	44.330	—	—	0.010	0.130	—	—	—	—	—	98.050
3122-c-Py02	Py I	—	53.170	0.470	46.060	—	—	—	0.140	—	—	—	—	—	99.840
3122-d-Py01	Py I	—	52.330	0.230	45.780	—	—	—	—	—	—	—	—	—	98.480
3122-d-Py02	Py I	—	54.950	0.200	48.140	—	—	—	0.090	—	—	—	0.010	—	103.290
3122-d-Py03	Py I	—	54.020	0.180	46.330	—	—	0.030	0.040	—	—	—	—	—	100.630
3122-d-Py04	Py I	—	54.110	0.200	45.460	—	—	0.100	0.040	—	—	—	—	—	99.810
3122-d-Py05	Py I	—	55.080	0.310	48.010	—	—	0.030	0.040	—	—	—	—	—	103.470
3122-d-Py06	Py I	—	53.120	0.190	44.460	—	—	—	0.050	—	—	—	—	—	97.920
3122-e-Py03	Py I	—	52.590	0.550	45.900	—	—	0.030	0.430	—	—	—	0.010	—	99.510

续表 4-2

测点编号	矿物	Ag	S	As	Fe	Zn	Cd	Cu	Co	Mo	Ni	Pb	Sb	Bi	总计
3122-e-Py04	Py Ⅰ	—	53.430	0.280	45.720	—	—	—	0.070	—	—	—	0.010	—	99.510
3122-e-Py08	Py Ⅰ	—	53.300	0.200	46.180	—	—	—	0.040	—	—	—	0.020	—	99.740
3122-e-Py09	Py Ⅰ	—	53.360	0.260	46.380	—	—	0.030	0.010	—	—	—	—	—	100.080
3122-e-Py10	Py Ⅰ	—	54.180	0.280	45.720	—	—	—	0.050	—	—	—	—	—	100.230
3122-e-Py11	Py Ⅰ	—	53.790	0.490	46.170	—	—	0.120	0.260	—	—	—	—	—	100.850
3122-e-Py12	Py Ⅰ	—	54.250	0.200	45.510	—	—	0.020	0.060	—	—	—	—	—	100.040
3122-e-Py13	Py Ⅰ	—	53.460	0.250	45.630	—	—	—	0.070	—	—	—	0.040	—	99.450
3122-e-Py14	Py Ⅰ	—	53.630	0.250	45.900	—	—	0.040	0.070	—	—	—	—	—	99.890
3122-e-Py15	Py Ⅰ	—	54.010	0.290	46.500	—	—	—	—	—	—	—	—	—	100.800
3122-e-Py16	Py Ⅰ	—	53.790	0.280	45.950	—	—	0.070	0.050	—	—	—	0.010	—	100.150
8503-Py07	Py Ⅰ	—	52.830	0.669	46.629	—	—	0.022	0.120	—	—	—	—	—	100.270
8503-Py08	Py Ⅰ	—	52.843	0.804	45.771	—	—	—	0.074	—	—	—	—	—	99.492
8503-Py10	Py Ⅰ	—	53.104	0.191	45.890	—	—	0.064	0.008	—	—	—	—	—	99.257
8503-Py17	Py Ⅰ	—	52.585	0.402	46.778	—	—	0.058	0.093	—	—	—	—	—	99.916
8503-Py18	Py Ⅰ	—	53.868	0.584	46.815	—	—	—	0.168	—	—	—	—	—	101.435
8503-Py19	Py Ⅰ	—	53.797	0.350	45.915	—	—	—	0.057	—	—	—	—	—	100.119
8503-Py20	Py Ⅰ	—	53.012	0.600	46.520	—	—	0.009	0.178	—	—	—	—	—	100.319
8503-Py21	Py Ⅰ	—	53.161	0.282	46.092	—	—	—	0.127	—	—	—	—	—	99.662
8503-Py22	Py Ⅰ	—	54.059	0.199	46.224	—	—	—	0.094	—	—	—	—	—	100.576
8503-Py23	Py Ⅰ	—	51.975	0.636	44.904	—	—	—	—	—	—	—	—	0.004	97.519

续表 4-2

测点编号	矿物	Ag	S	As	Fe	Zn	Cd	Cu	Co	Mo	Ni	Pb	Sb	Bi	总计
8503-Py24	PyⅠ	—	53.378	0.290	46.300	—	—	0.107	0.056	—	—	—	—	—	100.131
8503-Py25	PyⅠ	—	53.242	0.015	46.181	—	—	0.019	0.120	—	—	—	—	—	99.577
8503-Py26	PyⅠ	—	52.228	0.325	45.486	—	—	0.042	0.124	—	—	—	—	—	98.205
8503-Py27-1	PyⅠ	—	52.892	0.277	45.808	—	—	0.012	0.281	—	—	—	—	—	99.270
8503-Py29	PyⅠ	—	52.809	0.599	45.896	—	—	0.087	0.098	—	—	—	—	—	99.489
8503-Py30	PyⅠ	—	53.039	0.181	46.086	—	—	0.016	0.095	—	—	—	—	—	99.417
8503-Py31	PyⅠ	—	53.990	0.214	46.535	—	—	—	—	—	—	—	—	—	100.739
8503-Py32	PyⅠ	—	53.184	0.200	45.665	—	—	—	0.057	—	—	—	—	—	99.106
8505-b-Py03	PyⅠ	—	53.797	0.152	46.541	—	—	0.074	0.080	—	—	—	—	—	100.644
8505-b-Py08	PyⅠ	—	53.149	0.183	46.138	—	—	0.181	0.115	—	—	—	—	—	99.766
8505-b-Py09	PyⅠ	—	52.801	0.197	45.733	—	—	—	0.069	—	—	—	—	—	98.800
8505-c-Py01	PyⅠ	—	53.360	0.412	46.035	—	—	—	0.104	—	—	—	0.006	—	99.917
8505-c-Py02	PyⅠ	—	53.341	0.204	45.519	—	—	—	0.085	—	—	—	—	—	99.149
8505-c-Py03	PyⅠ	—	52.793	0.670	45.593	—	—	0.051	0.205	—	—	—	—	—	99.312
8505-c-Py04	PyⅠ	—	52.652	1.031	45.747	—	—	0.034	0.068	—	—	—	—	—	99.532
8505-c-Py05	PyⅠ	—	52.317	0.564	46.266	—	—	0.024	0.150	—	—	—	0.008	—	99.329
701-Py01	PyⅡ	—	53.180	0.860	44.680	—	—	0.030	0.380	—	—	—	—	—	99.100
701-Py02	PyⅡ	—	52.210	0.240	45.850	—	—	0.040	0.110	—	—	—	—	—	98.440
701-Py03	PyⅡ	—	51.930	1.640	44.580	—	—	—	0.050	—	—	—	—	—	98.240
701-Py04	PyⅡ	—	53.200	0.160	45.440	—	—	0.010	0.090	—	—	—	—	—	98.900

续表 4-2

测点编号	矿物	Ag	S	As	Fe	Zn	Cd	Cu	Co	Mo	Ni	Pb	Sb	Bi	总计
701-Py10	PyⅡ	—	53.130	0.180	46.450	—	—	—	0.080	—	—	—	—	—	99.840
701-Py11	PyⅡ	—	53.080	0.470	45.990	—	—	0.010	0.140	—	—	—	—	—	99.690
701-Py12	PyⅡ	—	53.130	0.220	45.970	—	—	0.020	0.070	—	—	—	—	—	99.410
701-Py13	PyⅡ	—	53.020	0.160	46.500	—	—	—	0.070	—	—	—	—	—	99.750
701-Py14	PyⅡ	—	52.960	0.180	45.430	—	—	—	0.040	—	—	—	—	—	98.610
701-Py15	PyⅡ	—	52.320	0.220	45.810	—	—	—	0.110	—	—	—	—	—	98.460
702-a-Py03	PyⅡ	—	54.130	0.140	46.630	—	—	—	0.050	—	0.070	—	—	—	#######
702-a-Py04	PyⅡ	—	53.550	0.130	46.750	—	—	0.090	0.010	—	0.100	—	—	—	#######
702-a-Py05	PyⅡ	—	53.160	0.410	45.510	—	—	0.030	0.160	—	—	—	—	—	99.370
702-a-Py06	PyⅡ	—	53.460	0.200	46.020	—	—	—	0.080	—	—	—	—	—	99.760
702-c-Py01	PyⅡ	—	52.690	0.470	45.230	—	—	0.100	0.070	—	—	—	—	—	98.460
702-c-Py02	PyⅡ	—	52.940	0.290	45.670	—	—	0.080	0.070	—	—	—	—	—	99.070
702-c-Py03	PyⅡ	—	53.250	0.360	45.980	—	—	0.080	0.160	—	—	—	—	—	99.830
702-d-Py01	PyⅡ	—	52.690	0.510	46.040	—	—	—	0.080	—	—	—	—	—	99.400
702-d-Py02	PyⅡ	—	53.200	0.250	45.570	—	—	0.120	0.060	—	—	—	—	—	99.080
702-d-Py03	PyⅡ	—	53.560	0.230	46.730	—	—	—	0.040	—	—	—	—	—	100.680
702-d-Py04	PyⅡ	—	53.460	0.120	45.750	—	—	—	—	—	—	—	—	—	99.330
702-d-Py05	PyⅡ	—	53.290	0.340	46.230	—	—	0.090	0.280	—	—	—	—	—	100.230
702-d-Py06	PyⅡ	—	53.630	0.330	45.890	—	—	—	0.190	—	—	—	—	—	100.040
702-d-Py07	PyⅡ	—	53.980	0.200	45.450	—	—	0.010	0.020	—	—	—	—	—	99.660

续表 4-2

测点编号	矿物	Ag	S	As	Fe	Zn	Cd	Cu	Co	Mo	Ni	Pb	Sb	Bi	总计
702-d-Py08	PyⅡ	—	52.670	0.570	46.120	—	—	0.030	0.220	—	—	—	—	—	99.610
703-B-Py01	PyⅡ	—	53.780	0.210	46.020	0.100	—	0.060	—	0.567	—	—	—	—	100.737
703-B-Py02	PyⅡ	—	52.520	0.160	46.690	0.020	—	—	0.060	0.480	—	—	—	—	99.930
703-C-Py01	PyⅡ	—	52.930	0.160	46.110	—	—	0.130	0.100	—	—	—	0.020	—	99.450
703-C-Py02	PyⅡ	—	53.310	0.160	46.490	—	—	—	0.060	—	—	—	—	—	100.020
703-c-ccp02	PyⅡ	—	49.540	0.390	41.660	—	—	1.150	0.360	—	—	—	0.030	—	93.130
703-d-Py	PyⅡ	—	52.810	0.290	45.870	—	—	0.070	0.030	0.460	—	—	—	—	99.530
703-f-Py01	PyⅡ	—	53.010	0.370	45.290	—	—	—	0.020	0.564	—	—	—	—	99.254
703-f-Py02	PyⅡ	—	53.000	0.250	45.630	0.060	—	0.010	0.070	0.442	0.010	—	0.020	—	99.422
703-g-Py01	PyⅡ	—	53.560	0.200	46.530	0.070	—	—	0.060	0.600	—	—	—	—	101.020
703-g-Py02	PyⅡ	—	53.530	0.210	46.390	—	—	—	0.060	0.510	—	—	—	—	100.770
703-g-Py03	PyⅡ	—	52.400	0.180	46.000	—	—	—	—	—	—	0.040	—	—	98.620
3122-e-Py01	PyⅡ	—	53.180	0.280	45.670	—	—	0.100	0.050	—	—	—	0.030	—	99.310
3122-e-Py02	PyⅡ	—	52.810	0.210	46.070	—	—	—	0.080	—	—	—	—	—	99.170
3122-e-Py05	PyⅡ	—	53.920	0.160	45.640	—	—	0.030	0.030	—	—	—	0.020	—	99.800
3122-e-Py06	PyⅡ	—	53.590	0.220	44.980	—	—	—	0.300	—	—	—	—	—	99.090
3122-e-Py07	PyⅡ	—	53.420	0.230	45.720	—	—	0.090	0.730	—	0.030	—	0.030	—	100.250
8503-Py01	PyⅡ	—	53.599	0.226	45.910	—	—	0.083	0.072	—	—	—	—	—	99.890
8503-Py02	PyⅡ	—	51.700	0.186	45.249	—	—	—	0.067	—	—	—	—	—	97.202
8503-Py03	PyⅡ	—	53.818	0.263	44.897	—	—	—	0.214	—	—	—	—	—	99.192

续表 4-2

测点编号	矿物	Ag	S	As	Fe	Zn	Cd	Cu	Co	Mo	Ni	Pb	Sb	Bi	总计
8503-Py04	PyⅡ	—	53.299	0.269	46.072	—	—	—	0.445	—	—	—	—	—	100.085
8503-Py05	PyⅡ	—	53.542	0.262	46.692	—	—	0.073	0.052	—	—	—	—	—	100.621
8503-Py06	PyⅡ	—	52.254	0.205	46.370	—	—	0.034	0.102	—	—	—	—	—	98.965
8503-Py09	PyⅡ	—	53.450	0.186	46.266	—	—	0.051	0.045	—	—	—	—	—	99.998
8503-Py11	PyⅡ	—	51.385	1.237	46.075	—	—	—	0.088	—	—	—	—	—	98.785
8503-Py12	PyⅡ	—	52.824	0.143	46.820	—	—	—	0.039	—	—	—	—	—	99.826
8503-Py13	PyⅡ	—	53.160	0.198	46.462	—	—	0.070	0.081	—	—	—	—	—	99.971
8503-Py14	PyⅡ	—	53.090	0.232	45.812	—	—	0.026	0.219	—	—	—	—	—	99.379
8503-Py15	PyⅡ	—	53.624	0.149	46.304	—	—	—	0.071	—	—	—	—	—	100.148
8503-Py16	PyⅡ	—	54.276	0.238	46.934	—	—	—	0.052	—	—	—	—	—	101.500
8503-Py27-2	PyⅡ	—	53.254	0.382	45.397	—	—	—	0.045	—	—	—	—	—	99.078
8503-Py28	PyⅡ	—	52.724	1.299	46.601	—	—	0.020	0.061	—	—	—	—	—	100.705
8505-a-Py01	PyⅡ	—	53.577	0.376	45.696	—	—	—	0.280	—	—	—	0.020	—	99.949
8505-a-Py02	PyⅡ	—	53.859	0.186	45.804	—	—	0.011	0.049	—	—	—	—	—	99.909
8505-a-Py03	PyⅡ	—	53.563	0.214	45.697	—	—	0.030	0.038	—	—	—	0.007	—	99.549
8505-a-Py04	PyⅡ	—	53.815	0.348	46.136	—	—	0.059	0.061	—	—	—	—	—	100.419
8505-a-Py05	PyⅡ	—	52.670	0.068	46.201	—	—	—	0.113	—	—	—	—	—	99.052
8505-a-Py06	PyⅡ	—	53.903	0.156	46.111	—	—	—	0.084	—	0.065	—	—	—	100.319
8505-b-Py01	PyⅡ	—	54.678	0.332	46.786	—	—	0.030	0.082	—	—	—	—	—	101.908
8505-b-Py04	PyⅡ	—	53.709	0.268	45.694	—	—	0.023	0.084	—	—	—	0.030	—	99.808

续表 4-2

测点编号	矿物	Ag	S	As	Fe	Zn	Cd	Cu	Co	Mo	Ni	Pb	Sb	Bi	总计
8505-b-Py05	PyⅡ	—	53.310	0.224	46.325	—	—	0.047	0.091	—	—	—	—	—	99.997
8505-b-Py06	PyⅡ	—	53.708	0.409	46.634	—	—	—	0.230	—	—	—	—	—	100.981
8505-b-Py07	PyⅡ	—	52.641	1.386	45.903	—	—	—	0.081	—	—	—	0.011	—	100.022
8505-d-Py01	PyⅡ	—	54.116	0.169	46.417	—	—	0.136	0.078	—	0.082	—	0.021	—	101.019
8505-e-Py01	PyⅡ	—	53.474	0.216	45.206	—	—	—	0.087	—	0.035	—	—	—	99.018
8505-e-Py02	PyⅡ	—	53.430	1.042	45.992	—	—	—	0.016	—	—	—	0.025	—	100.505
8505-b-Gla12	PyⅡ	—	52.486	1.351	45.745	—	—	0.040	0.143	—	—	—	—	—	99.765
701-Apy01	Ars	—	21.880	43.260	33.950	—	—	—	0.110	—	—	—	—	—	99.200
701-Apy02	Ars	—	22.200	42.690	35.360	—	—	—	0.030	—	—	—	—	—	100.280
701-Apy03	Ars	—	24.900	39.970	36.240	—	—	—	0.080	—	—	—	—	—	101.190
703-c-Apy01	Ars	—	22.450	43.220	34.060	0.030	—	—	0.220	—	—	—	0.080	—	100.030
703-c-Apy02	Ars	—	22.410	43.400	35.430	—	—	0.060	0.050	—	—	—	0.040	—	101.390
703-g-Apy01a	Ars	—	22.510	43.310	34.720	—	—	0.130	0.070	—	—	—	0.060	—	100.830
702-a-Ccp01	Ccp	—	35.740	0.210	30.200	—	—	33.090	0.050	—	—	—	—	—	99.290
702-a-Ccp03	Ccp	—	35.700	0.130	31.030	—	—	33.850	0.050	—	—	—	0.010	—	100.770
702-a-Ccp04	Ccp	—	35.850	0.160	30.650	—	—	33.840	0.050	—	—	—	0.020	—	100.570
702-a-Ccp05	Ccp	—	35.040	0.120	30.310	—	—	33.440	0.050	—	—	—	—	—	98.960
702-b-Ccp01	Ccp	—	35.520	0.140	30.020	—	—	33.510	0.010	—	—	—	—	—	99.200
702-b-Ccp04	Ccp	—	35.180	0.190	30.890	—	—	33.320	—	—	—	—	—	—	99.580
702-b-Ccp05	Ccp	—	35.200	0.090	30.180	—	—	32.990	0.070	—	—	—	—	—	98.530

续表 4-2

测点编号	矿物	Ag	S	As	Fe	Zn	Cd	Cu	Co	Mo	Ni	Pb	Sb	Bi	总计
702-c-Ccp01	Ccp	—	34.800	0.190	30.180	—	—	33.080	0.020	—	—	—	—	—	98.270
702-c-Ccp02	Ccp	—	35.450	0.170	30.520	—	—	32.060	0.050	—	—	—	—	—	98.250
702-c-Ccp03	Ccp	—	35.170	0.120	30.530	—	—	33.170	0.110	—	—	—	—	—	99.100
702-d-Ccp01	Ccp	—	35.490	0.260	30.190	—	—	33.640	0.010	—	—	—	—	—	99.590
702-d-Ccp02	Ccp	—	35.320	0.160	30.670	—	—	32.760	0.040	—	—	—	—	—	98.950
702-d-Ccp03	Ccp	—	35.110	0.130	30.260	—	—	32.640	—	—	—	—	—	—	98.140
702-d-Ccp04	Ccp	—	35.310	0.190	29.960	—	—	33.630	—	—	—	—	—	—	99.090
702-d-Ccp05	Ccp	—	35.720	0.140	30.440	—	—	33.340	0.010	—	—	—	—	—	99.650
702-d-Ccp06	Ccp	—	36.000	0.130	30.570	—	—	33.380	0.030	—	—	—	—	—	100.110
703-b-Ccp01	Ccp	—	33.554	0.120	27.322	—	—	35.889	0.044	0.315	—	—	—	—	97.244
703-b-Ccp02	Ccp	—	34.770	0.200	28.680	—	—	33.650	0.070	0.326	—	—	0.050	—	97.746
703-b-L09	Ccp	—	34.730	0.150	28.930	—	—	33.570	0.020	—	—	—	0.050	—	97.450
703-c-Ccp01	Ccp	—	34.040	0.180	30.000	—	—	31.010	0.040	—	—	—	0.010	—	95.280
703-d-Ccp1	Ccp	—	35.360	0.190	30.080	—	—	32.210	0.050	—	—	—	—	—	97.890
703-d-Ccp2	Ccp	—	35.660	0.070	29.900	—	—	32.940	0.010	—	—	—	0.010	—	98.590
703-g-Ccp1	Ccp	—	35.070	0.200	30.120	—	—	32.210	0.090	—	—	—	—	—	97.690
703-g-Ccp2	Ccp	—	34.850	0.160	29.230	—	—	33.130	0.010	—	—	—	0.050	—	97.430
703-g-Ccp3	Ccp	—	34.640	0.150	30.170	—	—	32.650	0.040	—	—	—	—	—	97.650
3122-a-Ccp01	Ccp	—	33.720	0.120	29.200	—	—	32.590	0.030	—	—	—	—	—	95.660
3122-a-Ccp02	Ccp	—	34.150	0.160	29.900	—	—	31.460	0.050	—	—	—	0.040	—	95.760

续表 4-2

测点编号	矿物	Ag	S	As	Fe	Zn	Cd	Cu	Co	Mo	Ni	Pb	Sb	Bi	总计
3122-a-Ccp03	Ccp	—	34.430	0.170	29.620	—	—	31.870	0.040	—	—	—	—	—	96.130
3122-b-Ccp01	Ccp	—	34.540	0.140	28.780	—	—	30.740	0.040	—	—	—	—	—	94.240
3122-b-Ccp02	Ccp	—	34.310	0.150	29.030	—	—	31.580	—	—	—	—	0.030	—	95.100
3122-e-Ccp1	Ccp	—	34.440	0.150	29.090	—	—	32.600	—	—	—	—	—	—	96.280
3122-e-Ccp3	Ccp	—	34.910	0.330	29.810	—	—	33.920	0.060	—	—	—	—	—	99.030
8503-Ccp1	Ccp	—	34.794	0.166	29.784	—	—	31.578	0.008	—	—	—	—	—	96.330
8505-a-Ccp01	Ccp	—	34.723	0.107	29.842	—	—	32.041	0.097	—	—	—	—	—	96.810
8505-b-Ccp01	Ccp	—	33.551	0.102	28.644	—	—	31.735	0.107	—	—	—	—	—	94.139
8505-b-Ccp02	Ccp	—	34.974	0.133	30.139	—	—	32.012	0.026	—	—	—	—	—	97.284
8505-b-Ccp03	Ccp	—	34.848	0.113	29.627	—	—	32.362	0.014	—	—	—	—	—	96.964
8505-c-Ccp01	Ccp	—	34.970	0.108	30.336	—	—	30.904	0.021	—	—	—	—	—	96.339
8505-c-Ccp02	Ccp	—	35.048	0.158	29.765	—	—	32.239	0.046	—	—	—	—	—	97.256
8505-c-Ccp03	Ccp	—	35.254	0.234	30.265	—	—	32.429	0.013	—	—	—	—	—	98.195
8505-c-Ccp04	Ccp	—	34.256	0.120	30.506	—	—	31.990	0.063	—	—	—	—	—	96.935
8505-d-Ccp01	Ccp	—	34.084	0.053	30.427	—	—	33.364	0.040	—	—	—	0.043	—	98.011
8505-d-Ccp02	Ccp	—	34.454	0.200	29.695	—	—	32.587	0.010	—	—	—	—	—	96.946
8505-d-Ccp03	Ccp	—	34.322	0.037	30.032	—	—	32.900	—	—	—	—	0.030	—	97.321
8505-d-Ccp04	Ccp	—	34.216	0.167	30.032	—	—	32.556	0.090	—	—	—	—	—	97.061
8505-e-Ccp01	Ccp	—	35.125	0.116	29.987	—	—	32.271	0.016	—	—	—	—	—	97.515
8505-e-Ccp02	Ccp	—	34.814	1.899	29.680	—	—	32.763	0.066	—	—	—	0.022	—	99.244

续表 4-2

测点编号	矿物	Ag	S	As	Fe	Zn	Cd	Cu	Co	Mo	Ni	Pb	Sb	Bi	总计
703-e-Sph1	Sph	—	33.100	—	7.680	57.710	—	—	—	—	—	—	—	—	98.490
703-e-Sph2	Sph	—	32.710	0.040	8.120	56.810	0.020	—	0.010	—	—	—	—	—	97.710
703-e-Sph3	Sph	—	33.230	0.060	9.340	54.960	0.080	—	—	—	—	—	—	—	97.670
703-e-Sph4	Sph	—	33.320	0.050	8.950	54.110	0.050	—	—	—	—	—	—	—	96.480
703-e-Sph5	Sph	—	33.180	0.070	8.510	56.760	0.010	—	0.020	—	—	—	—	—	98.530
703-e-Sph6	Sph	—	33.260	0.060	9.370	56.300	0.030	—	—	—	—	—	—	—	99.040
703-f-Sph01	Sph	—	33.310	0.090	9.410	54.940	0.010	—	0.030	—	0.030	—	—	—	97.820
703-f-Sph02	Sph	—	33.040	0.010	7.550	55.250	0.030	—	0.070	—	—	—	0.010	—	95.950
703-f-Sph03	Sph	—	33.720	0.010	7.780	56.710	0.030	—	0.020	—	—	—	0.020	—	98.270
703-g-Sph01	Sph	—	32.030	—	2.460	62.920	0.030	0.240	0.030	—	0.010	0.020	—	—	97.750
703-g-Sph02	Sph	—	33.650	—	1.550	65.550	0.030	0.380	—	—	—	—	—	—	101.180
703-g-Sph03	Sph	—	32.400	—	0.980	61.890	0.070	—	0.070	0.440	—	—	—	—	95.850
703-g-Sph04	Sph	—	33.550	0.080	6.060	56.790	0.020	—	0.010	—	—	—	—	—	96.510
8505-b-Sph01	Sph	—	32.152	0.021	0.044	62.503	—	—	—	—	—	—	—	—	94.720
8505-b-Sph02	Sph	—	28.633	—	0.066	70.381	0.018	—	—	—	—	—	—	—	99.098
701BiS1	Bi	0.850	16.050	—	0.040	—	—	1.970	—	—	—	36.990	—	41.000	96.900
701BiS2	Bi	0.920	13.370	—	0.370	—	—	1.360	—	—	—	28.350	—	32.800	77.170
701BiS3	Bi	0.006	20.040	0.050	0.320	—	—	0.400	0.200	—	—	1.450	—	79.390	101.856
702BiS01	Bi	0.020	19.440	—	0.030	—	—	4.640	—	—	—	14.650	—	63.120	101.900
702BiS02	Bi	7.740	19.650	—	0.030	—	—	10.450	—	—	—	1.110	—	62.310	101.290

续表 4-2

测点编号	矿物	Ag	S	As	Fe	Zn	Cd	Cu	Co	Mo	Ni	Pb	Sb	Bi	总计
702BiS03	Bi	1.130	18.430	—	0.210	—	—	8.320	—	—	—	21.420	—	51.640	101.150
702BiS04	Bi	0.040	17.390	—	0.730	—	—	11.230	0.040	—	—	34.340	—	38.390	102.160
702BiS05	Bi	7.230	20.020	—	0.720	—	—	10.810	0.010	—	—	0.620	—	62.760	102.170
702BiS06	Bi	0.001	19.130	—	0.640	—	—	4.510	—	—	—	14.790	—	62.380	101.451
702BiS07	Bi	0.030	18.540	—	0.900	—	—	5.480	—	—	—	15.050	—	61.700	101.700
702BiS08	Bi	—	18.000	—	0.410	—	—	5.810	—	—	—	17.120	—	55.270	96.610
8503BiS01	Bi	4.560	17.880	—	0.150	—	—	9.790	—	—	—	9.050	—	55.920	97.350
8503BiS02	Bi	5.000	20.110	—	0.470	—	—	11.160	0.020	—	—	0.660	—	61.990	99.410
8505-b-chal	Cov	—	31.480	—	0.297	—	—	64.499	—	—	—	—	0.022	—	96.298

注：—为低于检测限；Cbt 为辉砷钴矿；Py Ⅰ为粗粒黄铁矿；Py Ⅱ为细粒黄铁矿；Ars 为毒砂；Cp 为黄铜矿；Sph 为闪锌矿；Bi 为铋矿物；Cov 为铜蓝。

结果显示 25 个钴矿物测点 Co 含量为 28.37～34.83 wt.%（平均为 32.34 wt.%）、As 含量为 38.92～44.03 wt.%（平均为 41.22 wt.%）、S 含量为 20.83～23.10 wt.%（平均为 22.34 wt.%）。此外含少量 Fe（2.03～4.84 wt.%，平均为 3.55 wt.%）和 Ni（0.00～0.939 wt.%，平均为 0.46 wt.%），分子式为 $Co_{0.48～0.59}Fe_{0.02～0.09}As_{0.52～0.59}S_{0.65～0.73}$，由此确定独立钴矿物为辉砷钴矿。

对 PyⅠ和 PyⅡ均选择 71 个测点进行测试。PyⅠ中 Co、Fe 和 S 含量分别为 0.01～0.65 wt.%（平均为 0.11 wt.%）、44.58～46.93 wt.%（平均 46.02 wt.%）和 51.98～55.08 wt.%（平均为 53.32 wt.%），此外含少量 As（0.13～1.74 wt.%，平均为 0.40 wt.%）和 Cu（0.00～0.18 wt.%，平均为 0.06 wt.%），分子式为 $Fe_{0.79～0.86}As_{0.00～0.02}S_{1.62～1.72}$，为含砷黄铁矿。PyⅡ中 Co 含量与 PyⅠ相似，为 0.01～0.73 wt.%（平均为 0.12 wt.%），Fe 和 S 含量均略低于 PyⅠ，分别为 44.02～48.14 wt.%（平均为 45.91 wt.%）和 51.38～54.68 wt.%（平均为 53.16 wt.%），此外也含少量 As（0.07～1.64 wt.%，平均为 0.35 wt.%）和 Cu（0.01～0.14 wt.%，平均为 0.08 wt.%），分子式为 $Fe_{0.80～0.84}Co_{0.00～0.01}As_{0.00～0.02}S_{1.60～1.70}$，同样为含砷黄铁矿。EPMA 电子探针结果显示 PyⅠ和 PyⅡ中 Co 含量变化不大，需对两个阶段黄铁矿进行 LA-ICPMS 微区微量元素分析，进一步研究 Co 在黄铁矿中的赋存状态。

47 个黄铜矿测点中 Cu、Fe 和 S 含量分别为 30.74～35.89 wt.%、27.32～31.03 wt.% 和 33.55～36.00 wt.%，平均值分别为 32.71 wt.%、29.90 wt.% 和 34.88 wt.%。此外含少量 Co（0.01～0.11 wt.%）、As（0.04～0.33 wt.%）和 Sb（0.01～0.11 wt.%），分子式为 $Cu_{0.48～0.56}Fe_{0.49～0.56}S_{1.05～1.12}$。

6 个毒砂测点 Co 含量为 0.03～0.22 wt.%（平均为 0.09 wt.%）、Fe 含量为 33.95～36.24 wt.%，（平均 34.96 wt.%），As 含量为 39.97～43.4 wt.%（平均 42.64 wt.%）和 S 含量为 21.88～24.90 wt.%（平均 22.73 wt.%）。与标准毒砂成分（Cu 34.56wt.%、Fe 30.52 wt.%、S 34.92wt.%）相比，Cu、Fe 和 S 含量均偏低。此外部分测点含少量 Cu 和 Sb。计算确定分子式为 $Fe_{0.61～0.65}As_{0.53～0.58}S_{0.68～0.78}$。

15 个闪锌矿测点测试结果显示 Zn 含量为 54.11～70.38 wt.%，S 含量为 28.63～33.72 wt.%，Fe 含量为 0.04～9.41 wt.%。此外含少量 Co（平均 0.03 wt.%）、As（平均 0.05 wt.%）和 Cd（平均 0.03 wt.%）。分子式为 $Zn_{0.83～1.08}Fe_{0.00～0.17}S_{0.89～1.05}$。

第四节　黄铁矿 LA-ICPMS 剥蚀信号曲线特征

时间剥蚀剖面中元素信号轮廓可用来判断黄铁矿中微量元素赋存形式（Hu et al.，2021；Yang et al.，2022）。EPMA 数据显示井冲钴铜矿床黄铁矿中 Co 和 Fe 元素无明显相关关系。在排除测试点内矿物微米级包裹体均匀分布的情况下，若黄铁矿中 Co 剥蚀信号曲线平滑或波动幅度不大，指示 Co 元素是以固溶体形式进入黄铁矿晶格，而波动幅度差异较大的信号曲线则表示 Co 元素以微包裹体形式赋存于黄铁矿中。

为进一步确定井冲钴铜矿床黄铁矿中钴的赋存状态,对两阶段黄铁矿分别进行了 LA-ICPMS 微区微量元素分析。PyⅠ中各测点 Co 元素剥蚀信号曲线较为平稳,阶梯状异常信号少见(图 4-9 a,b),暗示微粒辉砷钴矿包裹体较少。但 PyⅡ中测点 Co 元素剥蚀信号曲线不稳定,常出现阶梯状、山峰状起伏,尖锐异常峰常见(图 4-9 c,d),表明辉砷钴矿包裹体较多。

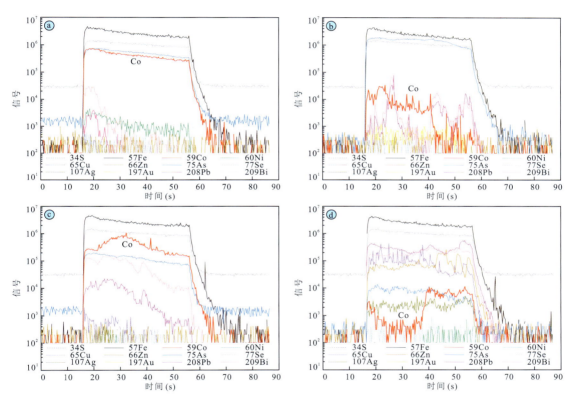

图 4-9　井冲钴铜矿床 PyⅠ(a,b)和 PyⅡ(c,d)剥蚀信号曲线图

第五节　讨　论

Co 在钴矿床中主要有三种赋存状态:一是以独立钴矿物产出,包括硫化物、砷化物、氧化物等,如辉砷钴矿、铁硫砷钴矿、硫钴矿和菱钴矿等;二是以类质同象形式替换 Fe^{2+}、Cu^{2+}、Ni^{2+}、Mn^{2+}、Mg^{2+} 等进入硫化物或氧化物晶格中,此类常见矿物包括黄铁矿和镍黄铁矿等;三是以矿物微粒包裹体形式赋存于黄铁矿、磁黄铁矿等矿物中(刘英俊等,1984)。

刘萌等(2018)对井冲钴铜矿床黄铁矿开展 LA-ICPMS 微区微量元素分析,Co 元素剥蚀信号呈相对平滑曲线,且 Co 与 Fe 存在负相关关系,认为井冲矿区 Co 主要以类质同象形式赋存于黄铁矿晶格中。Wang 等(2022)尽管发现该钴铜矿床中发育少量的辉砷钴矿等钴独立矿物,但根据 EPMA 数据显示的 Co 与 Fe 存在明显负相关关系也支持 Co 主要以类质同象形式赋存于黄铁矿晶格中。

本研究围绕手标本中新发现的辉砷钴矿开展富钴矿石显微镜下鉴定,并采用 TIMA 集成矿物分析、BSE 电子成像、EDS 能谱、EPMA 成分及黄铁矿 LA-ICPMS 微区微量元素等测试分析。经研究确定,大量的钴矿物主要以细粒—微粒状颗粒与 PyⅡ、闪锌矿、黄铁矿等矿物共生,主要组成元素为 Co、As 和 S。EPMA 分析确定 Co 平均含量为 32.34 wt.%,As 含量平均为 41.22 wt.%,S 含量平均为 22.34 wt.%,另含少量 Fe(平均 3.55 wt.%)和 Ni(平均 0.46 wt.%),分子式为 $Co_{0.48\sim0.59}Fe_{0.02\sim0.09}As_{0.52\sim0.59}S_{0.65\sim0.73}$,由此确定其为辉砷钴矿。辉砷钴矿中 Co-Fe 呈负相关关系,但两阶段黄铁矿中 Co 和 Fe 之间并未呈现负相关关系(图 4-10),表明黄铁矿中存在钴矿物微粒包裹体。黄铁矿 LA-ICPMS 分析剥蚀信号也显示 PyⅠ中 Co 主要以类质同象形式存在,但 PyⅡ中 Co 主要以微粒包裹体形式赋存,也有少量以类质同象形式存在于 PyⅡ中。

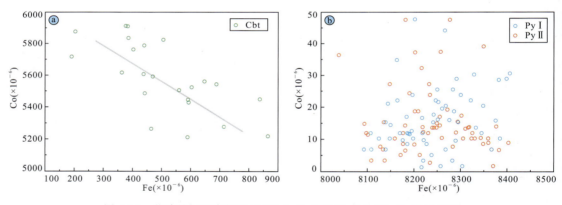

图 4-10　井冲钴铜矿床辉砷钴矿(a)、PyⅠ和 PyⅡ(b)Co-Fe 二元图解

因此,井冲钴铜矿床中钴矿物主要为辉砷钴矿,另黄铁矿和毒砂等矿物中也存在少量类质同象形式赋存的 Co。

第五章　花岗岩成岩时代及地球化学特征

第一节　成岩时代

采集井冲钴铜矿区及外围新鲜无蚀变黑云母花岗闪长岩(21LYS-1、21LYS-2)和脉状花岗斑岩(21LYS-4)共3件样品开展了锆石 LA-ICPMS U-Pb 年代学测试工作。

一、黑云母花岗闪长岩

两件黑云母花岗闪长岩样品 21LYS-1 和 21LYS-2 的锆石呈灰白—灰黑色,形态以自形—半自形短柱状或长柱状为主,粒径为 60～150 μm,长宽比为 1∶1～1∶4。CL 图像显示锆石振荡生长环带明显(图 5-1 a 和 5-2 a),具有典型岩浆锆石特征,部分可见亮白色继承锆石核。测试点位主要布设于两侧生长环带清晰、无裂隙区域,每颗锆石设置一个点位,继承锆石处增设一个点位(图 5-1 a 和 5-2 a 红色线圈)。锆石 U-Pb 定年数据见表 5-1。

根据不同 CL 特征,对黑云母花岗闪长岩样品 21LYS-1 开展 47 个测点 LA-ICPMS 锆石 U-Pb 定年分析。剔除谐和度低于 95% 的 6 个测点,其他锆石可分为 5 个年龄群:①古元古代—中元古代:3 个测点(21LYS-1-5、21LYS-1-9 和 21LYS-1-34)U 含量为 $343 \times 10^{-6} \sim 624 \times 10^{-6}$,Th 含量为 $159 \times 10^{-6} \sim 299 \times 10^{-6}$,Th/U 值为 0.58～0.39,$^{206}Pb/^{238}U$ 年龄为 $1602 \pm 20 \sim 1203 \pm 16$ Ma,对应 $^{207}Pb/^{206}Pb$ 年龄为 $1589 \pm 17 \sim 1172 \pm 24$ Ma;②新元古代:9 颗锆石振荡生长环带明显(图 5-1 a),测点 U 含量为 $171 \times 10^{-6} \sim 1855 \times 10^{-6}$,Th 含量为 $69 \times 10^{-6} \sim 808 \times 10^{-6}$,Th/U 值为 0.14～1.03。其 $^{206}Pb/^{238}U$ 年龄为 $831 \pm 37 \sim 830 \pm 30$ Ma,其下交点年龄为 830 ± 10 Ma(MSWD=0.002)(图 5-1 c);③晚三叠世:2 个测点(21LYS-1-18 和 21LYS-1-36)对应 U 含量分别为 175×10^{-6} 和 1055×10^{-6},Th 含量分别为 112×10^{-6} 和 1274×10^{-6},Th/U 值分别为 0.64 和 1.21。$^{206}Pb/^{238}U$ 年龄分别为 223 ± 2 Ma 和 222 ± 3 Ma;④早侏罗世:3 个测点(21LYS-1-14、21LYS-1-22 和 21LYS-1-27),对应 U 含量为 $103 \times 10^{-6} \sim 1508 \times 10^{-6}$,Th 含量为 $39.0 \times 10^{-6} \sim 677 \times 10^{-6}$,Th/U 值为 0.56～0.38。$^{206}Pb/^{238}U$ 年龄为 $190 \pm 3 \sim 191 \pm 3$ Ma;⑤晚侏罗世:22 颗锆石振荡生长环带明显(图 5-1 a),测点 U 含量为 $269 \times 10^{-6} \sim 2733 \times 10^{-6}$,Th 含量为 $5.16 \times 10^{-6} \sim 290 \times 10^{-6}$,Th/U 值为 0.02～0.32,为岩浆锆石。$^{206}Pb/^{238}U$ 年龄为 $151 \pm 2 \sim 148 \pm 2$ Ma,下交点年龄为 150 ± 1 Ma(MSWD=0.09)(图 5-1 d),加权平均年龄为 150 ± 1 Ma(MSWD=0.09)(图 5-1 e)。

对黑云母花岗闪长岩样品 21LYS-2 开展了 43 个测点 LA-ICPMS 锆石 U-Pb 定年分析。剔除谐和度低于 80% 的测点(共 5 个),其他谐和锆石可分为 5 个年龄群:①中元古代—古元古代:5 颗锆石测点 U 含量为 $406\times10^{-6}\sim2353\times10^{-6}$,Th 含量为 $100\times10^{-6}\sim1101\times10^{-6}$,Th/U 值为 $0.25\sim0.59$,其 $^{206}Pb/^{238}U$ 年龄为 $1747\pm45\sim1301\pm43$ Ma,$^{207}Pb/^{206}Pb$ 年龄为 $1746\pm34\sim1339\pm33$ Ma;②新元古代:7 颗锆石振荡生长环带明显(图 5-2 a),测点 U 含量为 $279\times10^{-6}\sim1206\times10^{-6}$,Th 含量为 $47.0\times10^{-6}\sim623\times10^{-6}$,Th/U 值为 $0.15\sim0.52$,$^{206}Pb/^{238}U$ 年龄为 $835\pm8\sim829\pm20$ Ma,其下交点年龄为 832 ± 9 Ma(MSWD=0.05)(图 5-2 d);③晚三叠世:2 个测点 $^{206}Pb/^{238}U$ 年龄分别为 220 ± 3 Ma 和 221 ± 4 Ma(21LYS-2-8 和 21LYS-2-35),对应 U 含量分别为 903×10^{-6} 和 468×10^{-6},Th 含量分别为 138×10^{-6} 和 437×10^{-6},Th/U 值分别为 0.15 和 0.93;④早侏罗世:2 个测点 $^{206}Pb/^{238}U$ 年龄分别为 200 ± 2 Ma 和 190 ± 2 Ma(21LYS-2-20 和 21LYS-2-41),对应 U 含量分别为 939×10^{-6} 和 388×10^{-6},Th 含量分别为 152×10^{-6} 和 23.1×10^{-6},Th/U 值分别为 0.16 和 0.06;⑤晚侏罗世:20 颗锆石振荡生长环带明显(图 5-2 a),测点 U 含量为 $145\times10^{-6}\sim5144\times10^{-6}$,Th 含量 $21.1\times10^{-6}\sim473\times10^{-6}$,Th/U 值为 $0.04\sim0.93$,具有典型岩浆锆石特征。这 20 颗锆石 $^{206}Pb/^{238}U$ 年龄为 $151\pm2\sim148\pm2$ Ma,下交点年龄为 150 ± 1 Ma(MSWD=0.16)(图 5-2 d),加权平均年龄为 150 ± 1 Ma(MSWD=0.15)(图 5-2 e)。

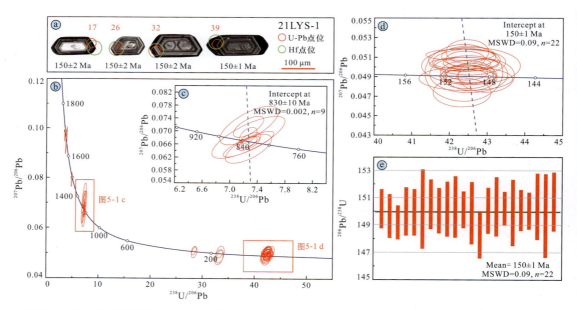

图 5-1 黑云母花岗闪长岩 21LYS-1 锆石 CL 图像(a)、年龄群分布(b)、新元古代锆石下交点年龄(c)、晚侏罗世锆石下交点年龄(d)和锆石加权年龄(e)

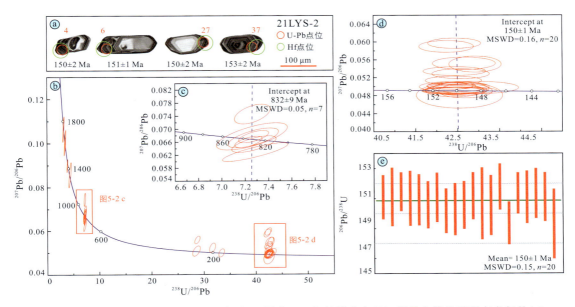

图 5-2 黑云母花岗闪长岩 21LYS-2 锆石 CL 图像(a)、年龄群分布(b)、新元古代锆石下交点年龄(c)、晚侏罗世锆石下交点年龄(d)和加权年龄(e)

二、花岗斑岩脉

花岗斑岩样品 21LYS-4 锆石呈灰白—灰黑色、自形—半自形短柱状或长柱状结构,多发育港湾状交代残余结构,粒径为 60~150 μm,长宽比为 1∶1~1∶3。CL 图像中锆石核部呈黑色云雾状、斑杂状和海绵状结构,常见蠕虫状继承锆石核,边部呈灰色环带,表现出明显的双层结构(图 5-3 a)。测点主要布设于锆石边部生长环带中,且无裂隙,每颗锆石设置一个点位(图 5-3 a 红色线圈)。锆石 U-Pb 年龄测试数据见表 5-1。

21LYS-4 锆石 U 含量为 $356\times10^{-6}\sim7654\times10^{-6}$,Th 含量为 $12.3\times10^{-6}\sim575\times10^{-6}$,Th/U 值为 0.01~0.28。锆石 $^{207}Pb/^{235}U$ 比值范围为 0.141 9~0.385 7,$^{206}Pb/^{238}U$ 比值范围为 0.020 5~0.027 3(表 5-1)。大多锆石点偏离谐和线右侧,因此剔除谐和度低于 60% 数据点并根据 Tera-Wasserburg 法计算锆石下交点年龄,获得 23 颗锆石下交点年龄为 131 ± 1 Ma(MSWD=0.4)(图 5-3 b)。此外,8 颗谐和度大于 92% 的锆石获得加权平均年龄为 132 ± 1 Ma(MSWD=1.6),这一结果与下交点年龄基本一致,表明了该数据年龄可信。

三、成岩年代学意义

江南造山带中段的连云山—幕阜山地区燕山期岩浆活动强烈,形成了大云山、幕阜山、望湘、金井、连云山等多个花岗岩体及长乐街、蕉西岭、岑川、庙山等岩株。前人通过 SIMS、SHRIMP 和 LA-ICPMS 等锆石 U-Pb 定年方法,厘定了湘东北地区岩浆侵入年龄为 157~

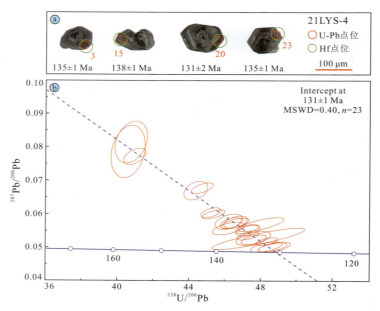

图 5-3 井冲钴铜矿床花岗岩脉 21LYS-4 锆石 CL 图像及下交点年龄

146 Ma(Wang et al.,2014a;Wang et al.,2016;Li et al.,2016a;Ji et al.,2017;许德如等,2017;张鲲等,2019)。如七宝山(151±2~148±1 Ma;Yuan et al.,2018)和石蛤蟆(157±2 Ma;姚宇军等,2012)。幕阜山复式岩体中的闪长岩、花岗闪长岩和黑云母二长花岗岩等也被厘定有 154~146 Ma 的成岩时限(Ji et al.,2017;Wang et al.,2017;Ji et al.,2018;李鹏等,2020;Xiong et al.,2020)。本研究两个黑云母花岗闪长岩样品锆石 U-Pb 年龄为 150±1 Ma,显示连云山岩体主岩相与连云山—幕阜山地区岩浆活动时代一致,均形成于晚侏罗世。

湘东北地区还发育早白垩世岩浆事件,如三墩花岗岩(锆石 U-Pb 定年结果为 132±1 Ma;张鲲等,2017)、桃花山二云母二长花岗岩(LA-ICPMS 锆石 U-Pb 年龄 129±1 Ma;王连训等,2008)和黑云母二长花岗岩(SIMS 锆石 U-Pb 定年年龄 128±1 Ma;Ji et al.,2017)、大云山—幕阜山二云母二长花岗岩(SIMS 锆石 U-Pb 定年年龄 132±2~127±1 Ma;Ji et al.,2017)。幕阜山复式岩体内部也已厘定出早白垩世(135~127 Ma)的岩浆活动(Ji et al.,2017,2018;李安邦等,2021)。甚至在幕阜山岩体周缘及内部广泛发育该时期的伟晶岩脉,如断峰山(锆石和独居石 U-Pb 年龄 132±1~131±2 Ma;李艳军等,2021)、仁里(锆石 U-Pb 年龄 131±2 Ma;Li et al.,2020b)及麦坞(U-Pb 年龄 125±0.3 Ma;姜鹏飞等,2021)等。本次野外地质调查发现研究的花岗斑岩呈脉状侵入连云山黑云母花岗闪长岩中,锆石 U-Pb 年龄约 131 Ma 代表了其侵位年龄。这一年龄结果与江南造山带中段的早白垩世岩浆事件年龄一致。

第五章 花岗岩成岩时代及地球化学特征

表 5-1 井冲钴铜矿床黑云母花岗闪长岩及花岗斑岩 LA-ICPMS 锆石 U-Pb 同位素测试数据

测试点号	元素（×10⁻⁶）		Th/U	同位素比值						年龄（Ma）						谐和度（%）
	Th	U		$^{207}Pb/^{206}Pb$	1σ	$^{207}Pb/^{235}U$	1σ	$^{206}Pb/^{238}U$	1σ	$^{207}Pb/^{206}Pb$	1σ	$^{207}Pb/^{235}U$	1σ	$^{206}Pb/^{238}U$	1σ	
21-LYS-1-1	62.8	417	0.15	0.064 2	0.000 8	1.077 0	0.016 8	0.121 7	0.001 5	746	26	742	8	740	9	99
21-LYS-1-2	290	1355	0.21	0.049 0	0.000 6	0.159 3	0.002 3	0.023 6	0.000 2	146	28	150	2	150	1	99
21-LYS-1-3	26.0	338	0.08	0.049 1	0.001 1	0.158 7	0.003 4	0.023 5	0.000 2	154	55	150	3	150	2	99
21-LYS-1-4	173	1495	0.12	0.049 1	0.000 7	0.158 4	0.002 1	0.023 4	0.000 2	150	33	149	2	149	1	99
21-LYS-1-5	299	512	0.58	0.095 4	0.001 9	3.437 0	0.059 8	0.262 4	0.008 8	1544	37	1513	14	1502	45	99
21-LYS-1-6	53.2	1559	0.03	0.049 0	0.000 6	0.159 3	0.002 3	0.023 5	0.000 3	150	26	150	2	150	2	99
21-LYS-1-7	212	696	0.30	0.071 4	0.001 0	1.354 5	0.030 6	0.137 6	0.002 8	969	30	870	13	831	16	95
21-LYS-1-8	174	604	0.29	0.071 7	0.001 3	1.360 8	0.053 5	0.137 4	0.005 3	977	36	872	23	830	30	95
21-LYS-1-9	159	343	0.46	0.079 0	0.001 0	2.239 5	0.041 3	0.205 2	0.003 0	1172	24	1193	13	1203	16	99
21-LYS-1-10	107.2	2006	0.05	0.055 8	0.000 8	0.173 7	0.002 6	0.022 5	0.000 2	456	31	163	2	144	1	87
21-LYS-1-11	808	1855	0.44	0.066 5	0.000 7	1.262 4	0.017 1	0.137 1	0.001 4	833	−179	829	8	830	8	99
21-LYS-1-13	291	282	1.03	0.067 1	0.000 8	1.273 2	0.022 4	0.137 4	0.002 1	843	23	834	10	830	12	99
21-LYS-1-14	234	415	0.56	0.049 6	0.000 2	0.204 6	0.008 5	0.029 9	0.000 5	189	101	189	7	190	3	99
21-LYS-1-15	69	171	0.40	0.068 9	0.001 6	1.293 5	0.052 5	0.137 6	0.006 6	898	45	843	23	831	37	98
21-LYS-1-17	344	1377	0.25	0.051 0	0.000 7	0.165 8	0.002 9	0.023 5	0.000 3	239	62	156	3	150	2	96
21-LYS-1-18	112	175	0.64	0.050 4	0.001 2	0.243 8	0.006 2	0.035 1	0.000 4	217	83	222	5	222	3	99
21-LYS-1-19	76.0	1218	0.06	0.048 9	0.001 4	0.158 7	0.004 0	0.023 6	0.000 5	139	67	150	4	150	3	99
21-LYS-1-20	136	471	0.29	0.047 5	0.001 3	0.154 4	0.003 7	0.023 6	0.000 3	72	59	146	3	151	2	96
21-LYS-1-21	42.9	749	0.06	0.049 0	0.001 0	0.159 1	0.003 1	0.023 6	0.000 3	150	48	150	3	150	2	99

续表 5-1

测试点号	元素(×10⁻⁶)			同位素比值						年龄(Ma)						谐和度(%)
	Th	U	Th/U	$^{207}Pb/^{206}Pb$	1σ	$^{207}Pb/^{235}U$	1σ	$^{206}Pb/^{238}U$	1σ	$^{207}Pb/^{206}Pb$	1σ	$^{207}Pb/^{235}U$	1σ	$^{206}Pb/^{238}U$	1σ	
21-LYS-1-22	677	1508	0.45	0.049 7	0.000 7	0.205 2	0.003 4	0.029 9	0.000 3	189	33	190	3	190	2	99
21-LYS-1-23	251	1188	0.21	0.050 4	0.000 6	0.163 8	0.002 5	0.023 6	0.000 3	213	27	154	2	150	2	97
21-LYS-1-24	380	690	0.55	0.064 5	0.001 2	1.226 2	0.041 5	0.137 6	0.004 2	767	39	813	19	831	24	97
21-LYS-1-26	165	1012	0.16	0.050 6	0.000 7	0.165 1	0.003 5	0.023 6	0.000 4	220	33	155	3	150	2	96
21-LYS-1-27	39.0	103	0.38	0.048 7	0.001 9	0.201 4	0.007 5	0.030 1	0.000 5	200	97	186	6	191	3	97
21-LYS-1-28	224	1350	0.17	0.049 4	0.000 6	0.160 7	0.002 2	0.023 6	0.000 2	165	−3	151	2	150	1	99
21-LYS-1-29	508	591	0.86	0.066 2	0.001 3	1.252 7	0.026 5	0.137 6	0.004 6	813	41	825	12	831	26	99
21-LYS-1-30	100.8	1944	0.05	0.050 4	0.000 9	0.163 9	0.003 9	0.023 5	0.000 4	213	43	154	3	150	2	97
21-LYS-1-31	300	1427	0.21	0.048 9	0.001 1	0.157 7	0.004 0	0.023 3	0.000 3	146	47	149	4	148	2	99
21-LYS-1-32	97.4	1004	0.10	0.049 4	0.000 8	0.160 7	0.003 0	0.023 6	0.000 3	165	41	151	3	150	2	99
21-LYS-1-33	165	224	0.74	0.068 6	0.001 3	1.304 5	0.026 4	0.137 7	0.001 6	887	34	848	12	832	9	98
21-LYS-1-34	247	624	0.40	0.097 6	0.000 9	3.803 6	0.061 1	0.282 0	0.003 9	1589	17	1594	13	1602	20	99
21-LYS-1-35	142	1995	0.07	0.050 3	0.000 7	0.163 7	0.002 8	0.023 6	0.000 3	206	30	154	2	150	2	97
21-LYS-1-36	1274	1055	1.21	0.051 0	0.001 0	0.248 1	0.004 9	0.035 2	0.000 4	243	44	225	4	223	2	99
21-LYS-1-37	40.3	1929	0.02	0.050 7	0.000 7	0.165 2	0.002 2	0.023 6	0.000 2	228	30	155	2	150	1	96
21-LYS-1-38	99	304	0.33	0.049 1	0.001 2	0.159 9	0.004 8	0.023 5	0.000 4	154	57	151	4	150	2	99
21-LYS-1-39	119.5	2452	0.05	0.050 3	0.0005	0.163 7	0.002 1	0.023 6	0.000 2	209	24	154	2	150	1	97
21-LYS-1-41	80.6	1038	0.08	0.051 5	0.000 8	0.167 5	0.003 0	0.023 5	0.000 2	261	32	157	3	150	1	95
21-LYS-1-43	5.16	269	0.02	0.049 4	0.002 0	0.160 8	0.006 8	0.023 6	0.000 4	165	90	151	6	150	2	99

续表 5-1

测试点号	元素(×10⁻⁶) Th	元素(×10⁻⁶) U	Th/U	同位素比值 $^{207}Pb/^{206}Pb$	1σ	$^{207}Pb/^{235}U$	1σ	$^{206}Pb/^{238}U$	1σ	年龄(Ma) $^{207}Pb/^{206}Pb$	1σ	$^{207}Pb/^{235}U$	1σ	$^{206}Pb/^{238}U$	1σ	谐和度(%)
21-LYS-1-45	28.0	287	0.10	0.0501	0.0015	0.1624	0.0052	0.0235	0.0005	211	101	153	5	150	3	97
21-LYS-1-46	742	2733	0.27	0.0512	0.0006	0.1672	0.0027	0.0237	0.0003	256	28	157	2	151	2	95
21-LYS-1-47	75.0	538	0.14	0.0662	0.0007	1.2565	0.0199	0.1374	0.0020	813	22	826	9	830	11	99
21-LYS-2-1	58.9	1623	0.04	0.0597	0.0010	0.1940	0.0031	0.0236	0.0002	594	39	180	3	150	1	81
21-LYS-2-4	473	2363	0.20	0.0499	0.0011	0.1624	0.0032	0.0236	0.0003	191	48	153	3	150	2	98
21-LYS-2-5	623	1206	0.52	0.0675	0.0008	1.2836	0.0181	0.1375	0.0016	854	23	838	8	830	9	99
21-LYS-2-6	253	1721	0.15	0.0500	0.0006	0.1635	0.0022	0.0236	0.0002	195	26	154	2	151	1	97
21-LYS-2-7	402	811	0.50	0.0862	0.0015	2.6465	0.0650	0.2236	0.0082	1339	33	1314	18	1301	43	99
21-LYS-2-8	138	903	0.15	0.0559	0.0004	0.2681	0.0046	0.0347	0.0004	456	30	241	4	220	3	90
21-LYS-2-10	146	2333	0.06	0.0490	0.0005	0.1595	0.0025	0.0236	0.0003	150	26	150	2	150	2	99
21-LYS-2-12	373	638	0.59	0.0997	0.0009	3.8911	0.0609	0.2824	0.0037	1620	17	1612	13	1604	19	99
21-LYS-2-13	282.5	1964	0.14	0.0492	0.0005	0.1598	0.0025	0.0235	0.0003	167	29	151	2	150	2	99
21-LYS-2-14	36.5	755	0.05	0.0494	0.0010	0.1602	0.0035	0.0235	0.0002	165	46	151	3	150	2	99
21-LYS-2-15	114.9	301	0.38	0.0674	0.0003	1.2766	0.0284	0.1375	0.0027	856	26	835	13	831	15	99
21-LYS-2-16	162	685	0.24	0.0490	0.0009	0.1596	0.0035	0.0236	0.0003	150	46	150	3	150	2	99
21-LYS-2-17	317	341	0.93	0.0491	0.0011	0.1583	0.0036	0.0234	0.0002	150	58	149	3	149	1	99
21-LYS-2-18	21.1	206	0.10	0.0482	0.0033	0.1563	0.0109	0.0235	0.0008	109	156	147	10	150	5	98
21-LYS-2-19	468	1656	0.28	0.0551	0.0009	0.1784	0.0036	0.0234	0.0003	413	37	167	3	149	2	89
21-LYS-2-20	152	939	0.16	0.0523	0.0013	0.2276	0.0056	0.0315	0.0004	298	57	208	5	200	2	96

续表 5-1

测试点号	元素 (×10⁻⁶)		Th/U	同位素比值							年龄 (Ma)						谐和度 (%)
	Th	U		$^{207}Pb/^{206}Pb$	1σ	$^{207}Pb/^{235}U$	1σ	$^{206}Pb/^{238}U$	1σ		$^{207}Pb/^{206}Pb$	1σ	$^{207}Pb/^{235}U$	1σ	$^{206}Pb/^{238}U$	1σ	
21-LYS-2-21	230	860	0.27	0.063 2	0.001 4	1.191 0	0.019 3	0.137 1	0.003 5		722	13	796	9	829	20	96
21-LYS-2-22	225	486	0.46	0.106 8	0.002 0	4.575 3	0.095 4	0.311 3	0.009 1		1746	34	1745	17	1747	45	99
21-LYS-2-23	216	868	0.25	0.052 7	0.000 8	0.171 2	0.003 0	0.023 5	0.000 2		317	33	160	3	150	2	93
21-LYS-2-24	217	1689	0.13	0.051 3	0.000 7	0.167 0	0.002 7	0.023 6	0.000 2		254	31	157	2	150	2	95
21-LYS-2-25	100	406	0.25	0.100 8	0.002 1	3.965 9	0.070 2	0.286 2	0.009 7		1639	39	1627	14	1623	48	99
21-LYS-2-26	127	145	0.88	0.048 3	0.002 1	0.155 8	0.006 6	0.023 5	0.000 4		122	102	147	6	150	2	98
21-LYS-2-27	377	1953	0.19	0.049 1	0.000 7	0.159 0	0.002 7	0.023 5	0.000 3		150	35	150	2	150	2	99
21-LYS-2-28	89.1	279	0.32	0.065 3	0.000 7	1.239 5	0.023 4	0.137 4	0.002 4		787	20	819	11	830	13	98
21-LYS-2-29	51.6	285	0.18	0.067 8	0.001 4	1.287 5	0.038 1	0.137 7	0.003 8		865	42	840	17	832	22	98
21-LYS-2-30	1101	2353	0.47	0.090 0	0.000 7	3.153 2	0.045 7	0.254 1	0.004 0		1428	16	1446	11	1460	21	99
21-LYS-2-31	151	1169	0.13	0.071 2	0.005 0	0.233 2	0.015 3	0.023 8	0.000 2		963	143	213	13	152	1	66
21-LYS-2-32	415	5144	0.08	0.059 0	0.001 0	0.192 5	0.003 4	0.023 7	0.000 2		569	37	179	3	151	2	83
21-LYS-2-33	47.0	387	0.12	0.074 4	0.001 1	1.417 0	0.032 4	0.137 7	0.001 9		1054	24	896	14	831	11	92
21-LYS-2-34	250	2065	0.12	0.055 0	0.001 2	0.176 7	0.004 2	0.023 3	0.000 2		409	48	165	4	148	1	89
21-LYS-2-35	437	468	0.93	0.051 0	0.001 2	0.245 2	0.006 3	0.035 0	0.000 6		239	56	223	5	221	4	99
21-LYS-2-36	51.6	334	0.15	0.066 1	0.000 7	1.260 5	0.017 3	0.138 3	0.001 5		809	24	828	8	835	8	99
21-LYS-2-37	184	1747	0.11	0.050 1	0.000 6	0.163 1	0.002 1	0.023 6	0.000 2		211	28	153	2	150	1	98
21-LYS-2-39	168	1494	0.11	0.053 5	0.000 9	0.173 7	0.002 9	0.023 6	0.000 3		346	37	163	3	150	2	92
21-LYS-2-40	63.4	1700	0.04	0.049 0	0.000 6	0.159 8	0.002 5	0.023 6	0.000 3		150	34	151	2	150	2	99

续表 5-1

测试点号	元素 (×10⁻⁶)		Th/U	同位素比值						年龄(Ma)						谐和度(%)
	Th	U		$^{207}Pb/^{206}Pb$	1σ	$^{207}Pb/^{235}U$	1σ	$^{206}Pb/^{238}U$	1σ	$^{207}Pb/^{206}Pb$	1σ	$^{207}Pb/^{235}U$	1σ	$^{206}Pb/^{238}U$	1σ	
21-LYS-2-41	23.1	388	0.06	0.0499	0.0011	0.2060	0.0047	0.0299	0.0003	191	50	190	4	190	2	99
21-LYS-2-42	97.3	1638	0.06	0.0491	0.0008	0.1600	0.0028	0.0236	0.0003	154	37	151	2	150	2	99
21-LYS-2-43	297	1278	0.23	0.0496	0.0010	0.1598	0.0039	0.0233	0.0004	189	51	151	3	148	2	98
21-LYS-4-1	575	2083	0.28	0.0577	0.0014	0.1724	0.0041	0.0216	0.0002	517	56	161	4	138	1	84
21-LYS-4-2	542	2548	0.21	0.0527	0.0011	0.1532	0.0035	0.0210	0.0003	317	14	145	3	134	2	92
21-LYS-4-3	486	3338	0.15	0.0535	0.0007	0.1561	0.0019	0.0212	0.0002	350	28	147	2	135	1	91
21-LYS-4-5	316	2816	0.11	0.0813	0.0039	0.2755	0.0134	0.0245	0.0004	1229	94	247	11	156	2	54
21-LYS-4-6	295	3340	0.09	0.0518	0.0006	0.1480	0.0018	0.0207	0.0002	276	26	140	2	132	1	94
21-LYS-4-7	253	3318	0.08	0.0501	0.0006	0.1434	0.0024	0.0207	0.0003	211	30	136	2	132	2	97
21-LYS-4-8	221	2859	0.08	0.0576	0.0010	0.1707	0.0031	0.0215	0.0002	522	39	160	3	137	1	84
21-LYS-4-9	219	2654	0.08	0.0523	0.0007	0.1518	0.0023	0.0210	0.0002	298	−3	143	2	134	1	93
21-LYS-4-10	207	2675	0.08	0.0604	0.0008	0.1845	0.0025	0.0221	0.0002	617	26	172	2	141	2	80
21-LYS-4-11	157	3275	0.05	0.0551	0.0008	0.1608	0.0027	0.0212	0.0002	417	31	151	2	135	1	88
21-LYS-4-12	157	3193	0.05	0.0502	0.0006	0.1421	0.0020	0.0206	0.0002	211	28	135	2	131	1	97
21-LYS-4-13	154	2828	0.05	0.0669	0.0015	0.2084	0.0053	0.0225	0.0002	835	46	192	4	144	1	71
21-LYS-4-14	107	3998	0.03	0.0532	0.0017	0.1517	0.0030	0.0209	0.0007	345	81	143	3	133	5	92
21-LYS-4-15	105	2285	0.05	0.0577	0.0010	0.1707	0.0028	0.0218	0.0002	506	32	160	2	138	1	84
21-LYS-4-16	88.5	3882	0.02	0.0676	0.0007	0.2084	0.0026	0.0224	0.0002	857	22	193	2	143	1	70
21-LYS-4-17	85.1	531	0.16	0.0571	0.0064	0.1817	0.0229	0.0230	0.0001	494	248	169	20	147	7	85

续表 5-1

测试点号	元素（×10⁻⁶）		Th/U	同位素比值						年龄（Ma）						谐和度（%）
	Th	U		$^{207}Pb/^{206}Pb$	1σ	$^{207}Pb/^{235}U$	1σ	$^{206}Pb/^{238}U$	1σ	$^{207}Pb/^{206}Pb$	1σ	$^{207}Pb/^{235}U$	1σ	$^{206}Pb/^{238}U$	1σ	
21-LYS-4-18	54.4	4767	0.01	0.0668	0.0011	0.2218	0.0036	0.0241	0.0004	831	34	203	3	154	3	72
21-LYS-4-19	51.7	2656	0.02	0.0557	0.0010	0.1664	0.0031	0.0217	0.0003	443	41	156	3	138	2	87
21-LYS-4-20	50.6	2543	0.02	0.0501	0.0007	0.1419	0.0023	0.0205	0.0002	211	33	135	2	131	2	97
21-LYS-4-21	45.1	4591	0.01	0.0570	0.0008	0.1636	0.0027	0.0208	0.0004	500	31	154	2	133	2	85
21-LYS-4-22	32.6	356	0.09	0.0795	0.0056	0.2671	0.017	0.0246	0.0004	1187	141	240	14	157	2	58
21-LYS-4-23	32.3	2507	0.01	0.0555	0.0006	0.1624	0.0021	0.0212	0.0002	435	26	153	2	135	1	87
21-LYS-4-24	32.3	2872	0.01	0.0768	0.0010	0.2597	0.0047	0.0244	0.0002	1117	27	234	4	156	2	59
21-LYS-4-25	32.3	3119	0.01	0.1038	0.0029	0.3857	0.0109	0.0273	0.0008	1692	52	331	8	174	5	37
21-LYS-4-27	22.2	7654		0.0599	0.0008	0.1822	0.0021	0.0220	0.0002	611	30	170	2	141	1	81
21-LYS-4-28	12.3	2533		0.0571	0.0008	0.1695	0.0025	0.0215	0.0002	498	31	159	2	137	1	85

第二节 岩石主微量元素特征

一、主量元素特征

对井冲钴铜矿区4件黑云母花岗闪长岩样品及1件花岗斑岩样品进行全岩主微量元素测试,结合前人连云山二云母二长花岗岩和黑云母花岗闪长岩主、微量元素数据(表5-2;许德如等,2017;张鲲等,2019)进一步分析连云山复式岩体地球化学特征。

连云山复式岩体具有高硅、碱特征,SiO_2变化范围为68.82～75.00 wt.%,平均为72.70 wt.%,K_2O和Na_2O含量分别为1.45～5.68 wt.%和2.51～4.68 wt.%。花岗岩TAS岩石分类图解中样品主要投影于花岗岩区域(图5-4)。黑云母花岗闪长岩、花岗斑岩和二云母二长花岗岩Al_2O_3含量分别为14.54～15.94 wt.%、13.67 wt.%和14.54～15.94 wt.%,对应铝饱和指数$Al_2O_3/(CaO+K_2O+Na_2O)$值分别为1.04～1.24、1.04和1.10～1.31。黑云母花岗闪长岩具有弱—强过铝质特征(图5-5 a),K_2O含量相对较低,属于钙碱性岩(图5-5 b)。1件花岗斑岩样品A/CNK值小于1.1,具弱过铝质特征,K_2O含量为5.00 wt.%,K_2O-SiO_2图解显示其属于高钾钙碱性岩系(图5-5 b)。二云母二长花岗岩样品A/CNK值均大于1.1,成簇状分布于强过铝质岩范围内(图5-5 a),且均具有较高的K_2O含量,属于高钾钙碱性岩系(图5-5 b)。3种岩性MgO(0.20～0.93 wt.%)、CaO(0.23～2.90 wt.%)、FeO^T(0.62～3.52 wt.%)、TiO_2(0.08～0.37 wt.%)和P_2O_5(0.04～0.26 wt.%)含量均较低,且与SiO_2含量具有明显负相关关系(图5-6)。

二、微量元素特征

黑云母花岗闪长岩轻稀土(LREE)含量为$180.8×10^{-6}$～$246.7×10^{-6}$,重稀土(HREE)含量为$7.06×10^{-6}$～$13.17×10^{-6}$,$(La/Yb)_N$值为35.75～87.86。二云母二长花岗岩LREE和HREE较黑云母花岗闪长岩明显低得多,含量分别为$58.28×10^{-6}$～$160.25×10^{-6}$(平均为$105.46×10^{-6}$)和$2.92×10^{-6}$～$13.11×10^{-6}$(平均为$6.40×10^{-6}$),$(La/Yb)_N$值(29.03～71.09)一致。花岗斑岩LREE和HREE含量分别为$70.63×10^{-6}$和$2.83×10^{-6}$,$(La/Yb)_N$值为119.38。连云山复式岩体不同岩性轻、重稀土均分异显著,具有LREE富集HREE强烈亏损的右倾配分曲线(图5-7 a)。黑云母花岗闪长岩和二云母二长花岗岩具有显著负Eu异常,Eu/Eu^*值分别为0.59～0.82和0.31～0.83,但花岗斑岩呈现出弱的正Eu异常特征(Eu/Eu^*值为1.38)。

复式花岗岩体富集Rb、U和Pb,亏损Ba、Nb、Ta、P和Ti(图5-7 b)。所有岩性样品Ga含量普遍较低,其中黑云母花岗闪长岩Ga含量为$22.2×10^{-6}$～$23.6×10^{-6}$,花岗斑岩Ga含量为$16.6×10^{-6}$,二云母二长花岗岩Ga含量为$16.5×10^{-6}$～$21.2×10^{-6}$。三者

表 5-2 井冲钴铜矿区侵入岩主量元素 (wt.%) 和微量元素 (×10⁻⁶) 分析测试结果

岩性	花岗闪长岩			花岗斑岩	花岗闪长岩①					二云母二长花岗岩②						
样品号	21LYS-1	21LYS-2	21LYS-3	21LYS-4	JC2-1	JC4-2	JC3-1	JC4-1	JC4-3	BS001	BS002	BS005	BS005-1	BS006	BS008	BS008-1
SiO_2	71.75	72.7	73.42	74.92	70.7	68.82	72.66	73.78	73.7	71.77	73.07	72.82	74.15	75	72.14	71.72
Al_2O_3	15.93	15.13	14.54	13.67	14.85	15.94	14.51	14.71	14.71	14.62	14.38	15.42	13.11	13.16	14.72	14.95
Fe_2O_3	0.333	0.094	0.202	0.261	0.28	0.58	0.55	0.12	0.1	0.91	0.71	0.59	0.51	0.49	0.49	0.52
FeO	1.86	1.67	1.65	0.388	2.94	3.01	1.49	1.42	1.63	1.22	1.02	0.83	1.16	1.04	1.23	1.33
CaO	2.66	2.64	2.65	1.65	2.9	2.88	0.85	1.2	1.16	0.28	0.24	0.76	0.33	0.23	1.51	1.42
MgO	0.796	0.677	0.7	0.25	0.91	0.93	0.38	0.21	0.2	0.57	0.46	0.27	0.34	0.39	0.33	0.37
K_2O	3.04	3.12	2.9	5	2.79	1.45	5.68	4.47	4.69	4.69	3.99	4.79	4.52	4.21	3.94	3.98
Na_2O	3.59	3.7	3.66	2.89	3.46	3.69	2.51	3.38	3.29	4.68	4.19	3.19	3.47	3.34	3.82	3.68
TiO_2	0.312	0.28	0.279	0.098	0.32	0.37	0.2	0.09	0.08	0.23	0.21	0.12	0.14	0.21	0.17	0.19
P_2O_5	0.106	0.086	0.09	0.041	0.13	0.14	0.26	0.07	0.08	0.09	0.07	0.2	0.14	0.07	0.25	0.19
MnO	0.038	0.033	0.035	0.014	0.05	0.06	0.03	0.03	0.03	0.06	0.06	0.04	0.06	0.04	0.04	0.04
灼失	0.364	0.211	0.216	0.237	0.06	1.62	0.66	0.26	0.18	1.37	1.14	1.36	1.14	0.96	0.85	0.81
Total	100.779	100.341	100.342	99.419	99.39	99.49	99.78	99.74	99.85	100.49	99.54	100.39	99.07	99.13	99.49	99.2
Cu	1.84	1.78	1.59	0.8	9.77	12.6	13.8	6.94	5.51	3.07	3.37	2.92	3.2	2.78	3.22	2.55
Pb	39.2	41.3	37.3	51.8	73.7	31.5	59.2	63.3	64.3	33.15	29.67	48.14	36.36	26.8	54.06	49.22
Zn	66.4	51.7	53.8	24.5	58.1	61.4	67.6	28	24.7	38.6	31.1	39.49	25.74	31.1	60.01	71.79
Cr	6.04	6.74	6.74	0.79	11.2	13.6	17.5	13.6	9.9	31.21	25.67	13.56	13.62	17.5	19.67	15.16
Ni	4.48	4.7	4.92	4.4	4.21	5.08	3.77	3.11	3	3.83	3.65	2.76	2.31	4.75	4.79	3.38
Co	32.6	37.9	37.7	66.3	4.15	5.75	2.34	1.39	1.27	3.71	3.15	1.47	2.13	2.66	2.34	2.55

续表 5-2

岩性	花岗闪长岩			花岗斑岩	花岗闪长岩①		二云母二长花岗岩②			二云母二长花岗岩②					
样品号	21LYS-1	21LYS-2	21LYS-3	21LYS-4	JC2-1	JC2-2	JC3-1	JC4-1	JC4-3	BS001	BS002	BS005	BS005-1	BS006	BS008	BS008-1
W	—	—	—	—	0.82	1.49	4.42	1.46	2.22	0.75	0.75	0.67	0.78	0.66	1.29	1.53
Mo	0.066	0.071	0.042	0.042	—	0.7	0.53	0.37	0.55	0.35	1.08	0.57	0.18	0.22	0.91	0.51
Bi	—	—	—	—	0.17	0.21	0.7	0.66	0.53	—	—	—	—	—	—	—
Sr	510	554	497	473	515	352	56.1	102	80.4	142.05	133.11	70.27	113.02	127	111.78	105.11
Ba	715	850	699	1050	940	824	261	385	360	513.6	464.22	174.09	451.36	547	260.92	248.58
Au	—	—	—	—	1.33	3.89	3.69	3.78	3.76	—	—	—	—	—	—	—
Ag	—	—	—	—	0.07	0.34	0.04	0.08	0.07	—	—	—	—	—	—	—
Nb	9.92	6.1	6.52	2.72	—	10.8	13.2	6.33	6.28	4.96	4.79	7.35	3.79	5.59	10.19	11.08
Ta	0.93	0.66	0.67	0.52	—	0.8	2.04	0.86	0.96	0.35	0.47	0.46	0.32	0.34	1.05	1.03
Zr	179	154	161	61.7	54.8	162	91.7	66.3	58	40.65	33.8	69.81	25.58	44.1	33.21	36.75
Hf	5.27	4.48	4.69	2.18	81.6	5.22	3.48	2.74	2.45	0.92	0.78	1.71	0.59	1.02	0.7	0.75
Sn	6.9	5.09	5.65	2.83	11.7	4.88	8.44	5.06	4.96	—	—	—	—	—	—	—
U	2.32	1.58	1.99	3.02	—	3.12	5	3.31	3.7	3.3	4.13	3.95	2.48	3.3	5.41	5.01
Th	16.8	11.2	12.7	9.03	16.2	16.2	18.5	18.1	19	17.63	17.87	12.92	9.92	14.5	17.23	17.8
La	50.5	46.7	50.2	18.3	56.8	56.8	36	35.8	37.5	29.72	22.71	18.87	16.15	18.3	27.21	29.37
Ce	96.6	87.8	92.6	33.6	126	126	73.4	65.8	73.5	55.61	41.18	36.79	28.52	34	52.3	53.58
Pr	10.2	9.06	9.63	3.59	11.7	12.4	9.41	7.66	7.38	5.53	3.99	3.82	2.85	3.33	5.15	5.31
Nd	35.9	31.6	33.3	12.3	40	42.8	33	26	24.7	16.96	11.31	11.52	8.57	9.86	14.66	15.7
Sm	5.5	4.65	5.09	2.01	6.21	6.92	7.71	4.88	4.52	2.88	2.2	3.15	1.77	1.87	3.46	3.34

续表 5-2

岩性	花岗闪长岩			花岗斑岩	花岗闪长岩[①]			二云母二长花岗岩[①]		二云母二长花岗岩[②]					
样品号	21LYS-1	21LYS-2	21LYS-3	21LYS-4	JC2-1	JC2-2	JC3-1	JC4-1	JC4-3	BS001	BS002	BS005	BS005-1	BS006	BS008	BS008-1
Eu	0.98	0.96	0.92	0.83	1.34	1.8	0.73	0.85	0.82	0.57	0.44	0.39	0.42	0.37	0.58	0.59
Gd	4.3	3.56	3.77	1.55	4.9	6.28	6.34	3.9	3.84	1.86	1.4	3.03	1.21	1.17	3.06	2.8
Tb	0.5	0.39	0.42	0.17	0.55	0.72	0.87	0.48	0.46	0.22	0.17	0.49	0.17	0.16	0.55	0.45
Dy	2.14	1.67	1.79	0.67	2.23	2.92	3.25	1.82	1.78	0.95	0.81	2.17	0.84	0.74	2.69	2
Ho	0.31	0.25	0.26	0.086	0.35	0.48	0.44	0.25	0.25	0.15	0.13	0.3	0.16	0.12	0.4	0.29
Er	0.76	0.65	0.7	0.21	1.02	1.3	1.08	0.65	0.63	0.4	0.3	0.59	0.45	0.34	0.86	0.64
Tm	0.081	0.072	0.074	0.02	0.12	0.18	0.13	0.08	0.08	0.05	0.04	0.07	0.07	0.05	0.11	0.08
Yb	0.42	0.42	0.41	0.11	0.73	1.14	0.89	0.54	0.5	0.3	0.27	0.39	0.37	0.3	0.58	0.38
Lu	0.048	0.049	0.047	0.016	0.09	0.15	0.11	0.08	0.07	0.05	0.04	0.06	0.05	0.04	0.08	0.06
Y	8.14	6.87	7.16	2.29	8.57	12.2	11.3	6.44	6.56	4.18	3.54	8.52	4.49	3.27	10.91	8.24
Rb	142	121	118	166	—	—	—	—	—	183.8	154.22	197.05	166.01	152	212.91	227.67

注：①黑云母花岗闪长岩数据据张魁等（2019）；
②二云母二长花岗岩数据据许德如等（2017）和张魁等（2019）。

第五章 花岗岩成岩时代及地球化学特征

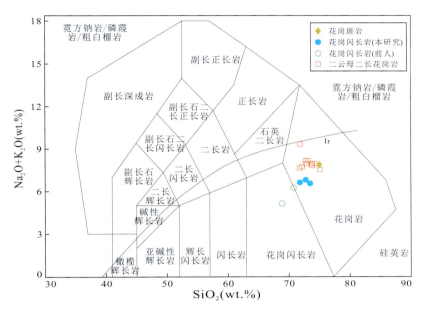

注：二云母二长花岗岩及部分花岗闪长岩数据据许德如等(2017)和张鲲等(2018)。

图 5-4 连云山复式岩体 TAS 岩石分类图解(底图据 Middlemost,1994)

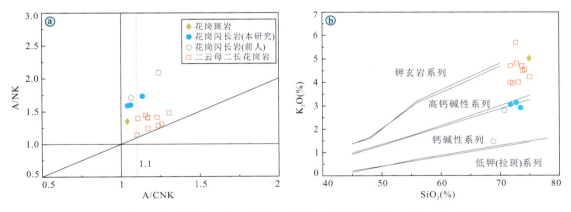

图 5-5 连云山复式岩体 A/NK-A/CNK(a,底图据 Peccerillo and Taylor,1976)
和 K_2O-SiO_2(b,底图据 Maniar and Piccoli,1989)图解

10 000 Ga/Al 值为 1.99～2.91。连云山花岗岩稀土元素标准化和微量元素原始地幔标准化配分模式与江南造山带中段 S 型花岗岩(Li et al.,2016a)一致。

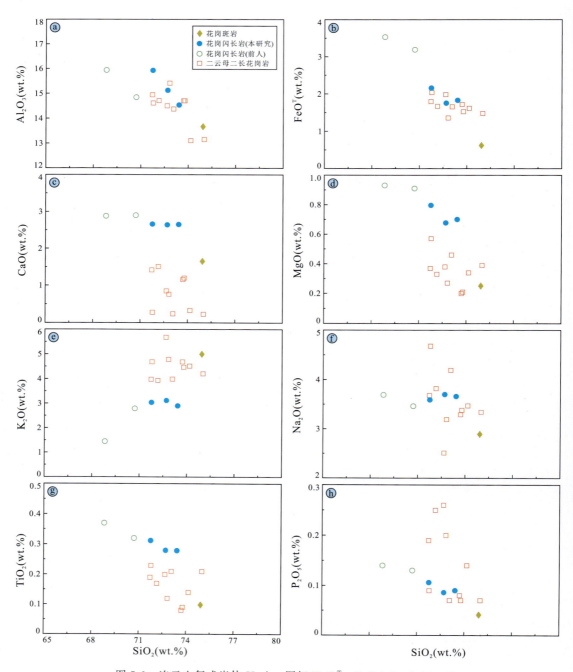

图 5-6 连云山复式岩体 Harker 图解（$FeO^T = FeO + Fe_2O_3 \times 0.9$）

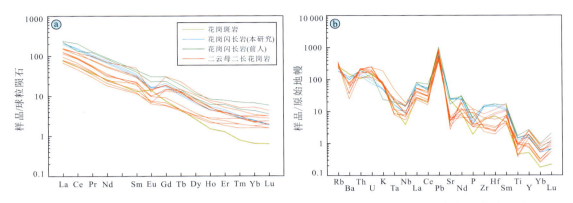

图 5-7 连云山复式岩体稀土元素球粒陨石标准化配分图(a)和微量元素原始地幔标准化蛛网图(b)
(标准化数据引自文献 Sun and Mcdongough,1989)

第三节 全岩 Sr-Nd-Pb 同位素特征

井冲钴铜矿区 3 件黑云母花岗闪长岩及 2 件花岗斑岩(21LYS-4-1 为重复样)Sr-Nd 同位素组成列于表 5-3。基于本研究获得的花岗闪长岩和花岗斑岩锆石 U-Pb 年龄计算对应岩性的 $(^{87}Sr/^{86}Sr)_i$、$(^{143}Nd/^{144}Nd)_i$、$\varepsilon_{Nd}(t)$ 和 $T_{2DM}(t)$ 值。黑云母花岗闪长岩 $^{87}Sr/^{86}Sr$ 值为 0.716 9～0.717 7，$^{143}Nd/^{144}Nd$ 值为 0.512 006～0.512 044，年龄校正后的 $(^{87}Sr/^{86}Sr)_i$ 值为 0.715 5～0.716 1，$(^{143}Nd/^{144}Nd)_i$ 值为 0.511 919～0.511 953，$\varepsilon_{Nd}(t)$ 值为 −10.27～−9.60。花岗斑岩 $^{87}Sr/^{86}Sr$ 和 $^{143}Nd/^{144}Nd$ 值分别为 0.717 982～0.717 985 和 0.512 003～0.512 013，$(^{87}Sr/^{86}Sr)_i$、$(^{143}Nd/^{144}Nd)_i$ 和 $\varepsilon_{Nd}(t)$ 值分别为 0.716 10～0.716 11、0.511 919～0.511 929 和 −10.77～−10.57。井冲钴铜矿区黑云母花岗闪长岩和花岗斑岩 $T_{2DM}(t)$ 相似，均为 1.8～1.7 Ga。

许德如等(2009,2017)开展了连云山二云母二长花岗岩 Sr-Nd 同位素测试(表 5-3)，其 $^{87}Sr/^{86}Sr$ 值为 0.728 2～0.748 7，$^{143}Nd/^{144}Nd$ 值为 0.511 915～0.512 020，用 $t=150$ Ma 校正后的 $(^{87}Sr/^{86}Sr)_i$ 值为 0.720 0～0.739 1，$(^{143}Nd/^{144}Nd)_i$ 值为 0.511 820～0.511 897，$\varepsilon_{Nd}(t)$ 和 $T_{2DM}(t)$ 分别为 −12.20～−10.68 和 2.0～1.8 Ga。$(^{87}Sr/^{86}Sr)_i$ 值明显较本次测试的花岗闪长岩和花岗斑岩高，且 $\varepsilon_{Nd}(t)$ 值较本次测试结果低。

本研究对 3 件黑云母花岗闪长岩和 1 件花岗斑岩样品进行全岩 Pb 同位素分析(表 5-4)。黑云母花岗闪长岩初始 $^{206}Pb/^{204}Pb$ 值为 18.396～18.534，$^{207}Pb/^{204}Pb$ 值为 15.701～15.710，$^{208}Pb/^{204}Pb$ 值为 38.972～39.043。许德如等(2009)也获得连云山黑云母花岗闪长岩全岩 Pb 同位素组成 $^{206}Pb/^{204}Pb$、$^{207}Pb/^{204}Pb$ 和 $^{208}Pb/^{204}Pb$ 值分别为 18.299～

表 5-3 井冲钴铜矿区黑云母花岗闪长岩和花岗斑岩 Sr-Nd 同位素测试结果

样品号	岩性	Rb ($\times10^{-6}$)	Sr ($\times10^{-6}$)	t (Ma)	$^{87}Rb/^{86}Sr$	$^{87}Sr/^{86}Sr$	2σ	$(^{87}Sr/^{86}Sr)_i$	Sm ($\times10^{-6}$)	Nd ($\times10^{-6}$)	$^{147}Sm/^{144}Nd$	$^{143}Nd/^{144}Nd$	2σ	$(^{143}Nd/^{144}Nd)_i$	$\varepsilon_{Nd}(t)$	T_{2DM} (Ga)
21-LYS-1	黑云母花岗闪长岩[①]	142	510	150	0.806 36	0.717 737	0.000 010	0.716 018	5.50	35.9	0.092 608	0.512 044	0.000 007	0.511 953	−9.60	1.7
21-LYS-2		121	554	150	0.632 49	0.716 870	0.000 006	0.715 521	4.65	31.6	0.088 949	0.512 066	0.000 007	0.511 919	−10.27	1.8
21-LYS-3		118	497	150	0.687 59	0.717 520	0.000 005	0.716 054	5.09	33.3	0.092 395	0.512 029	0.000 006	0.511 938	−9.89	1.7
21-LYS-4	花岗斑岩	166	473	131	1.016 41	0.717 985	0.000 008	0.716 107	2.01	12.3	0.098 779	0.512 013	0.000 005	0.511 929	−10.57	1.8
21-LYS-4-1		166	473	131	1.016 41	0.717 982	0.000 008	0.716 104	2.01	12.3	0.098 779	0.512 003	0.000 004	0.511 919	−10.77	1.8
WX-03	黑云母花岗闪长岩[②]	270	240	150	3.260 597	0.727 010	0.000 020	0.720 058	6.63	50.7	0.079 072	0.511 903	0.000 007	0.511 825	−12.09	1.9
SC12		159	208	150	2.223 111	0.728 830	0.000 030	0.724 090	4.69	50.7	0.056 001	0.511 936	0.000 007	0.511 881	−11.00	1.8
ZL03		141	659	150	0.621 623	0.716 160	0.000 020	0.714 835	4.85	30.8	0.095 279	0.512 003	0.000 008	0.511 909	−10.45	1.8
ZL04		98.8	628	150	0.455 960	0.717 980	0.000 060	0.717 008	5.69	32.0	0.107 275	0.512 017	0.000 008	0.511 912	−10.41	1.8
BS005-1		166	113	150	4.258 642	0.729 070	—	0.719 989	1.77	8.57	0.124 844	0.512 020	—	0.511 897	−10.68	1.8
BS008		212	111	150	5.529 523	0.742 370	—	0.730 580	3.46	14.6	0.142 663	0.511 960	—	0.511 820	−12.20	1.9
SC03	二云母二长花岗岩[②]	181	116	150	4.497 680	0.748 720	0.000 010	0.739 130	8.92	43.3	0.124 335	0.511 999	0.000 006	0.511 877	−11.08	1.8
SC04		221	124	150	5.188 918	0.746 750	0.000 050	0.735 686	7.13	34.4	0.125 266	0.511 910	0.000 006	0.511 868	−11.26	1.9
SC07		253	195	150	3.758 252	0.728 670	0.000 070	0.720 656	4.45	29.7	0.090 567	0.511 918	0.000 008	0.511 829	−12.02	1.9
SC09		225	189	150	3.454 080	0.728 180	0.000 070	0.720 815	3.23	21.6	0.090 403	0.511 915	0.000 005	0.511 826	−12.07	1.9
SC10		144	179	150	2.334 789	0.728 330	0.000 020	0.723 352	4.35	26.4	0.099 555	0.511 940	0.000 005	0.511 842	−11.76	1.9

注：①黑云母花岗闪长岩数据据许德如等 (2009)；
②二云母二长花岗岩数据据许德如等 (2009, 2017)。

18.365、15.627~15.671 和 38.626~38.803(表 5-4),与本次研究获得的结果基本一致。用花岗闪长岩全岩 U-Th-Pb 含量($t=150$ Ma)校正后的 $(^{206}Pb/^{204}Pb)_t=18.268\sim18.360$,$(^{207}Pb/^{204}Pb)_t=15.626\sim15.701$,$(^{208}Pb/^{204}Pb)_t=38.540\sim38.719$。花岗斑岩样品初始 $^{206}Pb/^{204}Pb=18.417$,$^{207}Pb/^{204}Pb=15.704$,$^{208}Pb/^{204}Pb=38.896$,校正后的 $(^{206}Pb/^{204}Pb)_t$、$(^{207}Pb/^{204}Pb)_t$ 和 $(^{208}Pb/^{204}Pb)_t$ 值分别为 18.247、15.695 和 38.733。许德如等(2009)还获得 12 件连云山二云母二长花岗岩样品初始 $^{206}Pb/^{204}Pb$ 值为 18.205~18.781,$^{207}Pb/^{204}Pb$ 值为 15.605~15.707,$^{208}Pb/^{204}Pb$ 值为 38.458~38.875(表 5-4),其对应的校正值 $(^{206}Pb/^{204}Pb)_t=18.168\sim18.744$,$(^{207}Pb/^{204}Pb)_t=15.603\sim15.705$,$(^{208}Pb/^{204}Pb)_t=38.360\sim38.777$。

以上三种侵入岩与江南造山带中段的连云山—幕阜山地区冷家溪群变质岩 Pb 同位素组成存在明显的差异,后者全岩初始 Pb 同位素组成 $^{206}Pb/^{204}Pb$、$^{207}Pb/^{204}Pb$ 和 $^{208}Pb/^{204}Pb$ 值分别为 18.832~22.038、15.586~15.937 和 39.294~46.917(表 5-4)(刘海臣和朱炳泉,1994)。

第四节 锆石 Hf 同位素特征

井冲钴铜矿区黑云母花岗闪长岩及花岗斑岩锆石原位 Hf 同位素分析测试结果见表 5-5。黑云母花岗闪长岩中 9 颗古—中元古代继承锆石(1747~1203 Ma)$^{176}Lu/^{177}Hf$ 值为 0.000 401~0.002 347,$^{176}Hf/^{177}Hf$ 值为 0.281 616~0.282 183,以对应年龄计算出的 $\varepsilon_{Hf}(t)$ 值为 $-2.6\sim10.4$,二阶段 Hf 模式年龄(T_{DM2})为 2419~1541 Ma。11 颗新元古代锆石(U-Pb 年龄为 835~830 Ma)$^{176}Lu/^{177}Hf$ 值为 0.000 604~0.003 203,$^{176}Hf/^{177}Hf$ 值为 0.282 094~0.282 608,$\varepsilon_{Hf}(t)$ 值为 $-6.3\sim10.8$,T_{DM2} 值为 1864~996 Ma。1 颗晚三叠世锆石 $^{176}Lu/^{177}Hf$ 值为 0.002 047,$^{176}Hf/^{177}Hf$ 值为 0.282 692,$\varepsilon_{Hf}(t)$ 值为 1.7,T_{DM2} 值为 963 Ma。33 颗晚侏罗世锆石(U-Pb 年龄 $t=150$ Ma)$^{176}Lu/^{177}Hf$ 和 $^{176}Hf/^{177}Hf$ 值分别为 0.000 100~0.001 522 和 0.282 231~0.282 684,$\varepsilon_{Hf}(t)$ 值 $-15.9\sim0.1$,T_{DM2} 为 1805~992 Ma。

花岗斑岩样品 23 颗锆石 $^{176}Lu/^{177}Hf$ 和 $^{176}Hf/^{177}Hf$ 值分别为 0.000 603~0.001 554 和 0.282 369~0.282 424,用 $t=131$ Ma 计算出的 $\varepsilon_{Hf}(t)$ 值为 $-11.4\sim-9.6$,T_{DM2} 值为 1562~1467 Ma。

表 5-4 井冲铜钴矿床黑云母花岗闪长岩及花岗斑岩 Pb 同位素测试结果

测试对象	样品编号	$^{206}Pb/^{204}Pb$	$^{207}Pb/^{204}Pb$	$^{208}Pb/^{204}Pb$	$(^{206}Pb/^{204}Pb)_t$	$(^{207}Pb/^{204}Pb)_t$	$(^{208}Pb/^{204}Pb)_t$	来源
黑云母花岗闪长岩	21-LYS-1	18.534	15.710	39.043	18.360	15.701	38.643	本研究
	21-LYS-2	18.396	15.701	38.972	18.283	15.696	38.719	本研究
	21-LYS-3	18.444	15.704	38.977	18.288	15.698	38.660	本研究
	WX03*	18.334	15.642	38.803	18.303	15.641	38.717	许德如等,2009
	SC12*	18.299	15.627	38.626	18.268	15.626	38.540	许德如等,2009
	ZL03*	18.336	15.635	38.683	18.305	15.634	38.597	许德如等,2009
	ZL04*	18.365	15.671	38.758	18.334	15.670	38.672	许德如等,2009
花岗斑岩	21-LYS-4	18.417	15.704	38.896	18.247	15.695	38.733	本研究
	WX-01*	18.302	15.642	38.636	18.265	15.640	38.538	许德如等,2009
	WX-02*	18.308	15.640	38.624	18.271	15.638	38.526	许德如等,2009
二云母二长花岗岩	SC01*	18.500	15.707	38.875	18.463	15.705	38.777	许德如等,2009
	SC02*	18.781	15.661	38.609	18.744	15.659	38.511	许德如等,2009
	SC03*	18.205	15.605	38.458	18.168	15.603	38.360	许德如等,2009
	SC04*	18.305	15.635	38.612	18.268	15.633	38.514	许德如等,2009
	SC07*	18.335	15.651	38.714	18.298	15.649	38.616	许德如等,2009
	SC09*	18.318	15.636	38.652	18.281	15.634	38.554	许德如等,2009
	SC10*	18.282	15.642	38.655	18.245	15.640	38.557	许德如等,2009
	SC11*	18.275	15.624	38.580	18.238	15.622	38.482	许德如等,2009
	SC13*	18.310	15.633	38.589	18.273	15.631	38.491	许德如等,2009
	SC14*	18.271	15.623	38.524	18.234	15.621	38.426	许德如等,2009

续表 5-4

测试对象	样品编号	$^{206}Pb/^{204}Pb$	$^{207}Pb/^{204}Pb$	$^{208}Pb/^{204}Pb$	$(^{206}Pb/^{204}Pb)_t$	$(^{207}Pb/^{204}Pb)_t$	$(^{208}Pb/^{204}Pb)_t$	来源
冷家溪群	L-2	18.832	15.586	39.294				刘海臣和朱炳泉,1994
	L-7	19.034	15.590	39.858				
	L-15	20.089	15.728	41.786				
	L-32	20.308	15.733	43.388				
	L-60	20.525	15.788	41.792				
	L-11-1	19.122	15.642	40.057				
	L-61	22.038	15.937	46.917				

注：* 样品以对应岩性 U、Th 和 Pb 元素平均含量校正，$t=130$ Ma。

表 5-5 井冲钴铜矿区黑云母花岗闪长岩及花岗斑岩锆石 Lu-Hf 同位素测试结果

测试点号	年龄(Ma)	$^{176}Hf/^{177}Hf$	1σ	$^{176}Lu/^{177}Hf$	1σ	$^{176}Yb/^{177}Hf$	1σ	$\varepsilon_{Hf}(0)$	$\varepsilon_{Hf}(t)$	T_{DM1}(Ma)	T_{DM2}(Ma)	$f_{Lu/Hf}$
21-LYS-1-1	150	0.282 423	0.000 008	0.001 364	0.000 021	0.055 863	0.000 456	−12.3	−9.2	1183	1463	−0.96
21-LYS-1-2	150	0.282 357	0.000 009	0.000 314	0.000 004	0.012 490	0.000 174	−14.7	−11.4	1241	1576	−0.99
21-LYS-1-3	149	0.282 361	0.000 010	0.000 812	0.000 010	0.028 973	0.000 290	−14.6	−11.4	1253	1573	−0.98
21-LYS-1-4	1502	0.281 838	0.000 010	0.002 347	0.000 036	0.097 614	0.001 429	−33.0	−2.0	2058	2190	−0.93
21-LYS-1-5	150	0.282 410	0.000 008	0.000 682	0.000 017	0.027 907	0.000 712	−12.8	−9.6	1180	1484	−0.98
21-LYS-1-6	831	0.282 094	0.000 011	0.001 243	0.000 017	0.047 623	0.000 783	−24.0	−6.3	1641	1864	−0.96
21-LYS-1-7	1203	0.281 983	0.000 014	0.000 642	0.000 010	0.025 545	0.000 483	−27.9	−1.8	1768	1936	−0.98
21-LYS-1-8	830	0.282 286	0.000 011	0.001 595	0.000 007	0.061 050	0.000 324	−17.2	0.3	1385	1532	−0.95
21-LYS-1-9	150	0.282 250	0.000 015	0.000 869	0.000 022	0.035 093	0.001 228	−18.5	−15.3	1409	1772	−0.97
21-LYS-1-10	151	0.282 365	0.000 019	0.000 736	0.000 022	0.031 247	0.000 874	−14.4	−11.2	1244	1564	−0.98
21-LYS-1-11	150	0.282 381	0.000 007	0.000 102	0.000 006	0.004 618	0.000 243	−13.8	−10.5	1201	1532	−1.00
21-LYS-1-12	150	0.282 613	0.000 010	0.001 413	0.000 019	0.055 444	0.000 755	−5.6	−2.5	914	1120	−0.96
21-LYS-1-13	150	0.282 386	0.000 010	0.001 393	0.000 009	0.055 944	0.000 267	−13.7	−10.5	1236	1530	−0.96
21-LYS-1-14	150	0.282 386	0.000 008	0.001 145	0.000 020	0.047 027	0.000 500	−13.7	−10.5	1229	1529	−0.97
21-LYS-1-15	831	0.282 163	0.000 009	0.000 825	0.000 005	0.033 903	0.000 274	−21.5	−3.7	1528	1730	−0.98
21-LYS-1-16	148	0.282 461	0.000 016	0.001 082	0.000 055	0.049 012	0.002 601	−11.0	−7.9	1121	1394	−0.97
21-LYS-1-17	150	0.282 383	0.000 008	0.000 833	0.000 011	0.034 440	0.000 473	−13.8	−10.6	1223	1533	−0.97
21-LYS-1-18	832	0.282 373	0.000 012	0.001 354	0.000 009	0.054 967	0.000 419	−14.1	3.5	1253	1367	−0.96
21-LYS-1-19	1602	0.282 089	0.000 014	0.001 023	0.000 021	0.039 247	0.000 825	−24.2	10.4	1639	1649	−0.97

续表 5-5

测试点号	年龄(Ma)	^{176}Hf/^{177}Hf	1σ	^{176}Lu/^{177}Hf	1σ	^{176}Yb/^{177}Hf	1σ	$\varepsilon_{Hf}(0)$	$\varepsilon_{Hf}(t)$	T_{DM1}(Ma)	T_{DM2}(Ma)	$f_{Lu/Hf}$
21-LYS-1-20	150	0.282 684	0.000 011	0.001 291	0.000 026	0.048 056	0.000 935	−3.1	0.1	811	992	−0.96
21-LYS-1-21	150	0.282 392	0.000 010	0.001 154	0.000 016	0.048 889	0.000 800	−13.4	−10.3	1219	1518	−0.97
21-LYS-1-22	150	0.282 400	0.000 007	0.000 573	0.000 004	0.022 652	0.000 174	−13.1	−9.9	1190	1500	−0.98
21-LYS-1-23	150	0.282 440	0.000 011	0.000 100	0.000 003	0.004 342	0.000 110	−11.7	−8.5	1121	1426	−1.00
21-LYS-1-24	150	0.282 353	0.000 008	0.000 184	0.000 011	0.007 869	0.000 471	−14.8	−11.6	1243	1584	−0.99
21-LYS-1-25	151	0.282 497	0.000 011	0.001 522	0.000 017	0.054 128	0.000 451	−9.7	−6.6	1083	1331	−0.95
21-LYS-1-26	830	0.282 468	0.000 011	0.002 204	0.000 017	0.085 439	0.000 719	−10.8	6.4	1145	1222	−0.93
21-LYS-1-28	830	0.282 159	0.000 010	0.002 027	0.000 029	0.081 846	0.001 190	−21.7	−4.5	1584	1771	−0.94
21-LYS-1-29	150	0.282 566	0.000 009	0.000 668	0.000 006	0.024 846	0.000 093	−7.3	−4.0	962	1202	−0.98
21-LYS-2-1	150	0.282 378	0.000 020	0.001 221	0.000 028	0.045 332	0.000 628	−13.9	−10.8	1242	1544	−0.96
21-LYS-2-2	830	0.282 257	0.000 012	0.001 332	0.000 024	0.050 757	0.000 868	−18.2	−0.6	1416	1576	−0.96
21-LYS-2-3	151	0.282 392	0.000 010	0.001 297	0.000 017	0.056 332	0.000 805	−13.4	−10.3	1224	1518	−0.96
21-LYS-2-4	1301	0.281 903	0.000 014	0.001 333	0.000 017	0.054 228	0.000 736	−30.7	−3.0	1913	2079	−0.96
21-LYS-2-5	150	0.282 291	0.000 008	0.001001	0.000 002	0.041 900	0.000 104	−17.0	−13.8	1356	1699	−0.97
21-LYS-2-6	150	0.282 350	0.000 012	0.000 953	0.000 028	0.035 540	0.001 045	−14.9	−11.7	1272	1592	−0.97
21-LYS-2-7	831	0.282 324	0.000 010	0.001 113	0.000 003	0.042 622	0.000 113	−15.8	1.9	1314	1449	−0.97
21-LYS-2-8	1604	0.282 082	0.000 013	0.001 038	0.000 010	0.039 273	0.000 320	−24.4	10.2	1649	1662	−0.97
21-LYS-2-9	150	0.282 231	0.000 010	0.000 927	0.000 007	0.036 092	0.000 290	−19.1	−15.9	1437	1805	−0.97
21-LYS-2-10	150	0.282 423	0.000 011	0.001 328	0.000 002	0.057 474	0.000 115	−12.3	−9.2	1182	1463	−0.96

续表 5-5

测试点号	年龄 (Ma)	^{176}Hf/^{177}Hf	1σ	^{176}Lu/^{177}Hf	1σ	^{176}Yb/^{177}Hf	1σ	$\varepsilon_{Hf}(0)$	$\varepsilon_{Hf}(t)$	T_{DM1} (Ma)	T_{DM2} (Ma)	$f_{Lu/Hf}$
21-LYS-2-11	149	0.282 425	0.000 013	0.001 466	0.000 003	0.060 384	0.000 195	−12.3	−9.1	1183	1460	−0.96
21-LYS-2-12	1747	0.281 616	0.000 011	0.000 555	0.000 004	0.022 132	0.000 132	−40.9	−2.6	2264	2419	−0.98
21-LYS-2-13	150	0.282 339	0.000 009	0.000 920	0.000 018	0.039 730	0.000 854	−15.3	−12.1	1286	1612	−0.97
21-LYS-2-14	1623	0.281 776	0.000 009	0.000 401	0.000 004	0.013 967	0.000 133	−35.2	0.5	2038	2165	−0.99
21-LYS-2-15	150	0.282 391	0.000 010	0.000 724	0.000 010	0.028 106	0.000 467	−13.5	−10.3	1207	1518	−0.98
21-LYS-2-16	150	0.282 399	0.000 010	0.000 980	0.000 015	0.035 267	0.000 379	−13.2	−10.0	1205	1505	−0.97
21-LYS-2-17	832	0.282 608	0.000 015	0.003 203	0.000 020	0.121 338	0.000 778	−5.8	10.8	968	996	−0.90
21-LYS-2-18	831	0.282 243	0.000 007	0.000 604	0.000 011	0.025 451	0.000 488	−18.7	−0.7	1409	1580	−0.98
21-LYS-2-19	221	0.282 692	0.000 011	0.002 047	0.000 023	0.077 377	0.000 829	−2.8	1.7	816	963	−0.94
21-LYS-2-20	835	0.282 401	0.000 010	0.001 218	0.000 022	0.050 287	0.000 765	−13.1	4.7	1210	1313	−0.96
21-LYS-2-21	150	0.282 332	0.000 009	0.001 356	0.000 010	0.052 118	0.000 538	−15.6	−12.4	1312	1627	−0.96
21-LYS-2-22	1403	0.282 183	0.000 010	0.001 102	0.000 023	0.042 751	0.000 842	−20.8	9.3	1511	1541	−0.97
21-LYS-2-23	150	0.282 355	0.000 008	0.000 682	0.000 014	0.027 511	0.000 556	−14.8	−11.5	1257	1583	−0.98
21-LYS-2-24	150	0.282 393	0.000 008	0.001 126	0.000 005	0.046 447	0.000 233	−13.4	−10.2	1217	1516	−0.97
21-LYS-2-25	148	0.282 244	0.000 008	0.001 001	0.000 015	0.040 082	0.000 735	−18.7	−15.5	1422	1784	−0.97
21-LYS-2-26	1460	0.281 913	0.000 011	0.002 121	0.000 042	0.089 540	0.001 967	−30.4	0.0	1938	2055	−0.94
21-LYS-4-1	131	0.282 403	0.000 008	0.001 202	0.000 023	0.041 080	0.000 527	−13.0	−10.3	1206	1504	−0.96
21-LYS-4-2	131	0.282 418	0.000 007	0.001 186	0.000 007	0.041 577	0.000 209	−12.5	−9.8	1184	1477	−0.96
21-LYS-4-3	131	0.282 412	0.000 006	0.001 294	0.000 007	0.046 131	0.000 256	−12.7	−10.0	1197	1488	−0.96

续表 5-5

测试点号	年龄(Ma)	$^{176}Hf/^{177}Hf$	1σ	$^{176}Lu/^{177}Hf$	1σ	$^{176}Yb/^{177}Hf$	1σ	$\varepsilon_{Hf}(0)$	$\varepsilon_{Hf}(t)$	T_{DM1}(Ma)	T_{DM2}(Ma)	$f_{Lu/Hf}$
21-LYS-4-5	131	0.282 416	0.000 007	0.001 466	0.000 005	0.053 372	0.000 156	−12.6	−9.9	1197	1482	−0.96
21-LYS-4-6	131	0.282 406	0.000 008	0.001 381	0.000 010	0.048 695	0.000 281	−12.9	−10.2	1207	1498	−0.96
21-LYS-4-7	131	0.282 411	0.000 007	0.000 725	0.000 004	0.029 621	0.000 190	−12.8	−10.0	1180	1488	−0.98
21-LYS-4-8	131	0.282 418	0.000 008	0.001 554	0.000 016	0.053 731	0.000 229	−12.5	−9.8	1196	1478	−0.95
21-LYS-4-9	131	0.282 418	0.000 007	0.001 552	0.000 009	0.055 770	0.000 363	−12.5	−9.8	1195	1478	−0.95
21-LYS-4-10	131	0.282 411	0.000 010	0.001 281	0.000 009	0.044 374	0.000 315	−12.8	−10.0	1197	1489	−0.96
21-LYS-4-11	131	0.282 406	0.000 007	0.001 271	0.000 013	0.045 075	0.000 532	−12.9	−10.2	1204	1499	−0.96
21-LYS-4-12	131	0.282 424	0.000 008	0.001 439	0.000 008	0.052 030	0.000 316	−12.3	−9.5	1183	1466	−0.96
21-LYS-4-13	131	0.282 409	0.000 018	0.000 887	0.000 005	0.037 911	0.000 040	−12.8	−10.0	1187	1491	−0.97
21-LYS-4-14	131	0.282 403	0.000 010	0.001 364	0.000 012	0.046 323	0.000 164	−13.0	−10.3	1211	1504	−0.96
21-LYS-4-15	131	0.282 415	0.000 008	0.001 384	0.000 015	0.049 821	0.000 696	−12.6	−9.9	1195	1483	−0.96
21-LYS-4-16	131	0.282 369	0.000 010	0.000 603	0.000 021	0.024 504	0.000 793	−14.2	−11.4	1233	1562	−0.98
21-LYS-4-17	131	0.282 405	0.000 009	0.001 381	0.000 011	0.049 340	0.000 450	−13.0	−10.2	1209	1500	−0.96
21-LYS-4-18	131	0.282 396	0.000 009	0.001 258	0.000 007	0.043 844	0.000 337	−13.3	−10.5	1218	1517	−0.96
21-LYS-4-19	131	0.282 394	0.000 026	0.000 818	0.000 052	0.028 592	0.001 745	−13.4	−10.6	1206	1518	−0.98
21-LYS-4-20	131	0.282 422	0.000 007	0.001 530	0.000 008	0.054 508	0.000 426	−12.4	−9.6	1190	1471	−0.95
21-LYS-4-21	131	0.282 396	0.000 008	0.001 259	0.000 008	0.045 507	0.000 246	−13.3	−10.5	1218	1517	−0.96
21-LYS-4-22	131	0.282 416	0.000 008	0.001 273	0.000 007	0.045 073	0.000 346	−12.6	−9.8	1189	1480	−0.96
21-LYS-4-23	131	0.282 412	0.000 006	0.001 382	0.000 004	0.050 238	0.000 212	−12.7	−10.0	1199	1488	−0.96
21-LYS-4-24	131	0.282 388	0.000 009	0.001 198	0.000 007	0.044 570	0.000 402	−13.6	−10.8	1226	1530	−0.96

第五节 岩石成因

一、岩石类型

目前花岗岩成因类型主要有 I 型花岗岩、S 型花岗岩、A 型花岗岩(Loiselle and Wones, 1979; Collins et al., 1982; Whalen et al., 1987)和 M 型花岗岩 4 种(Pitcher, 1983; Whalen, 1985)。Chappell 和 White(1974, 2001)研究了澳大利亚东部塔斯曼造山带两种截然不同的花岗岩类型,认为其分别由火成岩和沉积岩部分熔融形成,其差异性继承自原岩,并提出 I 型花岗岩和 S 型花岗岩两种成因类型。White(1977)也进一步提出了 A 型和 M 型花岗岩类型。

M 型花岗岩即幔源型花岗岩,由蛇绿岩套中的奥长花岗岩组成,一般与辉长岩等基性岩伴生(White, 1977)。湘东北地区未发现大规模晚侏罗世—早白垩世基性岩,同时连云山黑云母花岗闪长岩、花岗斑岩和二云母二长花岗岩 K_2O 含量(2.51~4.68 wt.%)均高于 1 wt.%,这些地质地球化学特征可排除 M 型成因。A 型花岗岩产于裂谷带和稳定板块内部,具有高 SiO_2、Na_2O+K_2O、Fe/Mg、Ga/Al、Zr、Nb、Ga、Y 和 Ce,低 CaO 和 Sr 等特征,为碱性花岗岩(Whalen, 1987)。连云山花岗岩样品 FeO^T/MgO 值为 2.60~8.65,明显低于 A 型花岗岩最低值,且 Zr($25.6×10^{-6}$~$179×10^{-6}$)、Nb($2.7×10^{-6}$~$13.2×10^{-6}$)、Ce($34×10^{-6}$~$96.8×10^{-6}$)和 Y($3.27×10^{-6}$~$11.3×10^{-6}$)均低于 A 型花岗岩最低含量。在 Zr-10 000Ga/Al(图 5-8 a)与 FeO^T/MgO-(Zr+Nb+Ce+Y)成因判别图(图 5-8 b)中,连云山复式岩体大多数样品均位于 I、S 型和 M 型花岗岩区域,与典型 A 型花岗岩具有明显差异(Whalen et al., 1987; Papoutsa et al., 2016)。

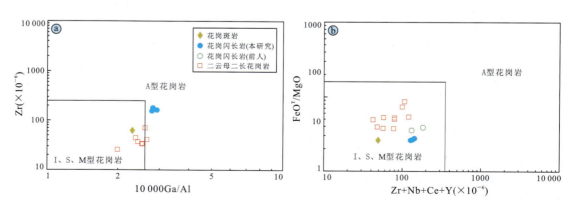

图 5-8 连云山复式岩体 Zr-10 000Ga/Al(a)及 FeO^T/MgO-(Zr+Nb+Ce+Y)(b)成因判别图

(底图据 Whalen et al., 1987)

综合岩石学、地球化学及同位素证据,S型花岗岩主要由变沉积岩部分熔融形成的观点(Clement,2003)被大众所接受。长石矿物在风化过程中,Na、Ca 和 Sr 等元素经淋滤作用被溶解带走,而 K、Rb、Pb 等元素更倾向进入黏土矿物中。因此相对于 I 型花岗岩,S 型花岗岩 Na、Ca 和 Sr 含量低,但 K、Rb 和 Pb 等元素含量高,铝饱和度相对较高,具有强过铝质(A/CNK>1.1)特征,而 I 型花岗岩铝饱和度相对较低,A/CNK<1.1(Chappell and White,2001)。黑云母花岗闪长岩、花岗斑岩和二云母二长花岗岩 A/CNK 值分别为 1.04~1.24、1.04 和 1.10~1.31,表现为弱—强过铝质特征。Na_2O 含量分别为 3.46~3.70 wt.%、2.89 wt.% 和 2.51~4.68 wt.%。这些特征与典型 I 型花岗岩或 S 型花岗岩均有差异,暗示其来源非均质性或经历了岩浆混合(Clemens,2003)。但是,在 ACF 判别图中,所有样品均位于 S 型花岗岩区域内(图 5-9)。此外,古老继承锆石核是 S 型花岗岩一个重要特征(Clemens,2003),本次研究的花岗闪长岩中获得了较多的古元古代和中—新元古代的继承锆石核(图 5-1 a 和图 5-2 a),也进一步佐证了连云山花岗岩的 S 型成因观点。综上所述,连云山地区黑云母花岗闪长岩、花岗斑岩和二云母二长花岗岩均属于 S 型花岗岩。

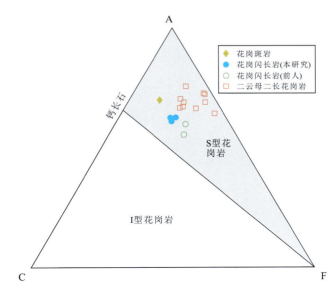

图 5-9　连云山复式岩体及$[Al_2O_3-(K_2O+Na_2O)]-CaO-(FeO^T+MgO)$成因判别图
(底图据 Healy et al.,1987)
$A=Al_2O_3-(K_2O+Na_2O)$,$C=CaO$,$F=FeO^T+MgO$

二、岩浆源区性质

Sylvester(1998)研究认为强过铝质花岗岩 CaO/Na_2O 比值可示踪源区成分,而 Al_2O_3/TiO_2 比值可以反映岩浆形成时相对的温度和压力条件。通常由富泥质、贫斜长石(<5%)的源岩部分熔融形成的强过铝质花岗岩具有较低 CaO/Na_2O 比值(<0.3),而由贫泥质、富

斜长石(>25%)粗粒碎屑岩部分熔融形成的强过铝质花岗岩则具有较高 CaO/Na_2O 比值 (>0.3)(Sylvester,1998)。连云山黑云母花岗闪长岩和花岗斑岩 CaO/Na_2O 比值均大于 0.3(图5-10 a),且在 Rb/Ba-Rb/Sr 图(图5-10 b)中位于富含斜长石、贫黏土范围,指示其来源于碎屑岩部分熔融。二云母二长花岗岩部分 CaO/Na_2O 比值为 0.3 附近(图5-10 a),其被认为形成于两组相对还原、干燥、贫泥质、富斜长石粗粒碎屑岩源区和相对氧化、富水和贫斜长石的富泥质岩源区(许德如等,2017)。高温熔融形成的过铝质花岗岩 Al_2O_3/TiO_2 比值低,而高压环境形成的过铝质花岗岩为 Al_2O_3/TiO_2 比值高(Sylvester,1998)。连云山花岗岩不同岩性 Al_2O_3/TiO_2 比值为 43.08～54.04,指示为高温熔融而成。

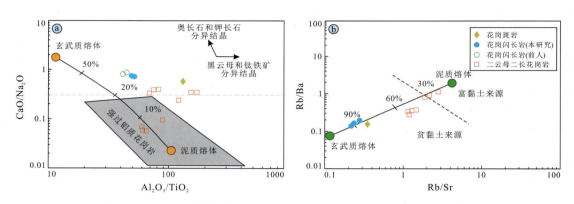

图 5-10　连云山复式岩体 CaO/Na_2O-Al_2O_3(a)及 Rb/Ba-Rb/Sr(b)图解
(底图据 Sylvester,1998)

连云山黑云母花岗闪长岩 $\varepsilon_{Nd}(t)$ 和 $T_{2DM}(t)$ 分别为 $-10.50\sim-9.82$ 和 $1.8\sim1.7$ Ga。花岗斑岩 $\varepsilon_{Nd}(t)$ 和 $T_{2DM}(t)$ 值分别为 $-10.72\sim-10.53$ 和 $1.8\sim1.7$ Ga。黑云母花岗闪长岩和花岗斑岩 Nd 同位素组成与金井花岗岩 Nd 同位素组成[$\varepsilon_{Nd}(t)=-12.0\sim-7.9$;李鹏春等,2005;Wang et al.,2014b]相似。但是,相对于这两种岩性,二云母二长花岗岩 Nd 同位素 $\varepsilon_{Nd}(t)$ 值($-13.65\sim-13.36$)相对较低,且 $T_{2DM}(t)$ 值($2.0\sim1.8$ Ga)较大,表明壳源成分的含量更高。这些晚侏罗世—早白垩世侵入岩二阶段模式年龄与华南元古宙变质沉积岩($T_{2DM}=2.14\sim1.65$ Ga;Li and McCulloch,1996;Chen and Jahn,1998)基本一致,均位于华夏中元古代地壳演化区域内(图5-11),表明岩浆源区主体为华夏地区地壳基底物质(沈渭洲等,1999)。研究表明 Nb 和 Ta 元素优先残留在地幔中,陆壳中含量相对较低(邱瑞照等,1997,1998)。Nb、Ta 元素亏损表明源区可能是地壳物质,Ti 元素不易进入熔体而残留在源区,也暗示地壳来源(Nance et al.,1976;Sheraton et al.,1998;Chen et al.,2002)。连云山花岗岩轻、重稀土分异显著,球粒陨石标准配分模式具有 LREE 富集 HREE 强烈亏损的右倾配分曲线,且表现出亏损 Eu(花岗斑岩表现为正异常)、Ba、Sr、Nb、Ti 等元素,富集 Rb、Th、Pb 等元素特征(图5-7)。这些地球化学特征也表明连云山复式岩体主体为壳源来源。

锆石 Hf 同位素及全岩 Sm-Nd 同位素是限定成岩物质来源的重要方法。锆石是花岗岩

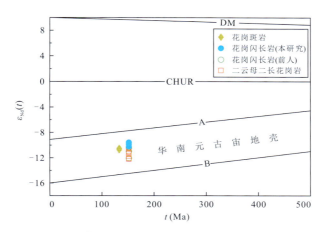

图 5-11　连云山复式岩体 $\varepsilon_{Nd}(t)$-t 图解（华南元古宙地壳数据据沈渭洲等，1999）

中普遍存在的副矿物,具有熔点高、结构稳定的特征,能经受风化、沉积、变质和深熔等循环作用(Pidgeon and Aftalion,1978),保留了原始熔体 Hf 同位素组成。而全岩 Sm-Nd 同位素体系会在熔体中重新分配达到平衡,使原始同位素体系发生改变,导致 $\varepsilon_{Nd}(t)$ 降低(Xin et al.,2018)。使用锆石原位 Hf 同位素结合宏观全岩 Sr-Nd 同位素相互对比验证,更能精确限定岩浆源区特征。连云山黑云母花岗闪长岩 11 颗新元古代继承锆石 U-Pb 年龄为 835±8~829±20 Ma,与冷家溪群沉积年龄(860~820 Ma;Gao et al.,2011;Wang et al.,2014; Yan et al.,2015)一致。锆石 $^{176}Hf/^{177}Hf$ 比值 0.282 094~0.282 608,$\varepsilon_{Hf}(t)$ 值—6.3~10.8,T_{DM2} 为 1864~996 Ma,也位于冷家溪群继承锆石 Hf 同位素演化范围内(Li et al.,2020b),表明新元古代地壳物质对成岩的贡献。黑云母花岗闪长岩 33 颗晚侏罗世锆石 $\varepsilon_{Hf}(t)$ 值为—15.9~0.1,T_{DM2}=1805~992 Ma。同时,花岗斑岩 23 颗早白垩世锆石 $^{176}Hf/^{177}Hf$ 比值 0.282 369~0.282 424,$\varepsilon_{Hf}(t)$=—11.4~—9.6,Hf 模式年龄 T_{DM2}=1562~1467 Ma。这些数据与幕阜山黑云母二长花岗岩 Hf 同位素组成[$^{176}Hf/^{177}Hf$ 比值 0.282 497~0.282 605,$\varepsilon_{Hf}(t)$=—6.8~3.0,二阶段 Hf 模式年龄 T_{DM2}=1625~1383 Ma;Li et al.,2020b;Shan et al.,2023]基本一致,指示这些侵入岩岩浆源区来源相似。上述晚侏罗世—早白垩世花岗岩体 Hf 同位素组成主体位于新元古界冷家溪群继承锆石(Li et al.,2020b)中上部。但部分花岗闪长岩数据点位于冷家溪群继承锆石与球粒陨石范围之间,表明主要由冷家溪群部分熔融而成,但可能有部分幔源物质加入(图 5-12)。此外,连云山花岗岩 Pb 同位素组成明显低于冷家溪群 Pb 同位素组成($^{206}Pb/^{204}Pb$=18.832~22.038、$^{207}Pb/^{204}Pb$=15.586~15.937 和 $^{208}Pb/^{204}Pb$=39.294~46.917;刘海臣和朱炳泉,1994),也暗示有其他物质成分的加入。这种成分可能为低 Pb 同位素组分的幔源物质。同时代的桃林和栗山铅锌矿床中成矿岩体也被证实为壳幔混合成因,但以壳源为主,幔源物质少量(张鲲等,2017;陕亮等,2019b;Shan et al.,2023)。这种壳幔混合成因的 S 型花岗的形成已被华南云开地区的中二叠世那丽花岗闪长岩(Li et al.,2016b)和南岭地区小坑白云母花岗岩(吴俊华等,2023)所证实。

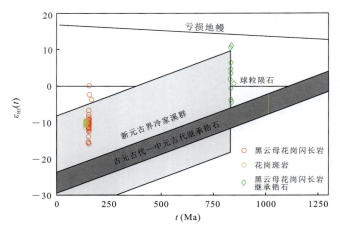

图 5-12　井冲钴铜矿区黑云母花岗闪长岩和花岗斑岩 $\varepsilon_{Hf}(t)$-t 图解
新元古界冷家溪群及古元古代—中元古代继承锆石(据 Li et al.,2020b)

第六节　构造背景

江南造山带中段湘东北地区晚中生代岩浆活动强烈,发育大规模花岗质岩浆侵位活动。这些花岗岩侵位时代为中侏罗世—早白垩世,可分为 157~146 Ma 和 135~125 Ma 两个主要阶段(许德如等,2009,2017;Ji et al.,2017;张鲲等,2018;陕亮,2019;Xu et al.,2022)。湘东北地区中生代花岗岩成岩构造动力学背景仍存在争议,主要差异在于力学性质以碰撞造山为主(Hsu et al.,1990;Yan et al.,2003)还是以岩石圈伸展减薄为主(徐夕生等,1999;Lin et al.,2008;许德如等,2009;张鲲等,2019)。

华南中生代发育一系列褶皱和逆冲断裂带,表明该地区侏罗纪—白垩纪发生了一次重要的造山事件。洋壳俯冲被认为是驱动板内挤压和造山的主要动力,洋壳俯冲过程产生应力作用于板内可形成一系列褶皱和逆冲断裂带(English et al.,2003;English and Johnston,2004)。近年来,越来越多学者赞同古特提斯洋闭合引发陆陆碰撞及伸展背景向古太平洋板块幕式俯冲背景转换,引发了江南造山带中段晚中生代大规模的构造岩浆活动这一观点(舒良树等,2006;Lin et al.,2008;Zhang et al.,2008;Li et al.,2016a;张鲲等,2019)。

由于古太平洋板块向欧亚板块的持续俯冲作用,使中国东部大陆地壳不断加厚(毛景文等,2011)。晚侏罗世(约 150 Ma),古太平洋板块开始回撤,俯冲板片破裂坍塌,湘东北地区由挤压环境向伸展构造环境转换(许德如等,2017;Ji et al.,2017)。岩石圈地幔和下沉俯冲板片脱水,使得加厚下地壳发生减压熔融,由于岩石圈拆离、地壳减薄、地幔上涌,幔源岩浆为地壳部分熔融提供额外的热源(Clement,2003),加速了下地壳冷家溪群或更古老基底物质部分熔融,甚至少量幔源物质直接参与成岩((陕亮等,2019b;张鲲等,2019 及本研究),形成多幕式大规模岩浆事件。在伸展构造背景下,湘东北地区燕山期岩浆先后分异结晶析出岩浆热液,沿北东向新宁-灰汤、长沙-平江等不同规模区域性断裂向上运移,引发与燕山期岩浆侵入活动有关的花岗岩成岩和有色金属成矿事件(许德如等,2017),形成连云山岩体、幕阜山岩体、望湘岩体等大型花岗岩体及与岩浆活动相关的七宝山矽卡岩型铜铅锌矿床(153~148 Ma;胡俊良等,2017;Yuan et al.,2018)。

早白垩世早期(约 131 Ma),受古太平洋板片后撤影响,华南板块发生了强烈地壳伸展和岩石圈减薄作用(Lin et al.,2008;张岳桥等,2012)。江南造山带发生大规模拉张坍塌,在新元古代和早生代时期发生过再造的大陆地壳再次发生部分熔融,导致地壳成分发生高度岩石学和地球化学分异,形成大面积 S 型花岗岩(Ji et al.,2017)。这些包括连云山岩体中花岗斑岩在内的岩浆活动也有少量地幔物质的参与(陕亮等,2019b;Shan et al.,2023 及本研究)。其中深部岩浆在演化过程中分异出富含挥发分及稀有金属的残余熔体,冷凝结晶形成以锂铌钽为主的稀有金属矿床,如仁里(133~130 Ma;周芳春等,2020;Li et al.,2020b)和断峰山(132~131 Ma;李艳军等,2021)伟晶岩型锂铌钽矿床。酸性岩浆在充分结晶分异后形成富含 W、Pb 和 Zn 的成矿流体,在次级断裂及岩体与围岩接触部位,形成钨多金属矿床(如虎形山钨铍矿床 134±2 Ma;Xu et al.,2020)和铅锌多金属矿床,如桃林(135±3 Ma;Shan et al.,2023)和栗山铅锌矿床(129±1 Ma;Xu et al.,2022)。在连云山地区则表现为花岗质岩浆出溶出富含 Au、Co 和 Cu 等成矿物质的岩浆热液,运移至次级构造部位富集成金多金属矿床(如黄金洞金矿床 130±8 Ma;周岳强等,2021)和钴矿床,如横洞钴矿床(约 125 Ma;Zou et al.,2018)及本研究的井冲钴铜矿床。

第六章　矿床地球化学特征

第一节　成矿时代

成矿时代的精确厘定对探讨成岩成矿关系、建立成矿模式具有重要意义。陕亮等(2024)使用黄铁矿 Rb-Sr 等时线法对井冲钴铜矿床成矿年龄进行了限定。样品为矿床主斜井 100 m 中段块状硫化物矿石,其同位素组成见表 6-1。5 件黄铁矿样品 Rb 含量为 $0.01417\times10^{-6} \sim 0.180400\times10^{-6}$,Sr 含量为 $0.022010\times10^{-6} \sim 0.063710\times10^{-6}$,$^{87}Rb/^{86}Sr$ 值为 $1.024 \sim 8.552$,$^{87}Sr/^{86}Sr$ 值为 $0.71791 \sim 0.73195$。利用 IsoplotR(Vermeesch,2018)重新计算得到井冲钴铜矿床黄铁矿 Rb-Sr 等时线年龄为 130 ± 2 Ma($r^2=0.999$),初始 $^{87}Sr/^{86}Sr$ 值为 0.71266 ± 0.00015(图 6-1)。

表 6-1　井冲钴铜矿床黄铁矿 Rb-Sr 同位素组成(陕亮等,2024)

样品号	测试矿物	W(Rb)/ $(\times10^{-6})$	W(Sr)/ $(\times10^{-6})$	$^{87}Rb/^{86}Sr$	2σ	$^{87}Sr/^{86}Sr$	2σ
JC-1-1	黄铁矿	0.014 170	0.022 550	1.813 00	0.05	0.719 61	0.04
JC-3-1-1-1	黄铁矿	0.180 400	0.063 710	8.184 00	0.05	0.731 04	0.04
JC-3-1-2-1	黄铁矿	0.065 140	0.022 010	8.552 00	0.05	0.731 95	0.04
JC-3-3-1-1	黄铁矿	0.021 190	0.059 660	1.024 00	0.05	0.717 91	0.04
JC-3-4-1	黄铁矿	0.017 510	0.024 910	2.029 00	0.05	0.720 17	0.04

此外,Peng 等(2023)对井冲钴铜矿床中铅锌矿体开展了蚀变白云母 Ar-Ar 定年,累积 85.09% 的 Ar 含量时获得坪年龄为 121.4 ± 1.2 Ma,反等时线年龄为 121.7 ± 1.2 Ma。这一年龄数据被认为代表了与铅锌共生的蚀变白云母的形成时代。

与井冲钴铜矿床成矿背景相似的横洞热液脉型钴矿床,同位于连云山复式背斜西侧,矿体受长-平断裂带控制。Zou 等(2018)对横洞矿区内长-平断裂带和钴矿石进行白云母 Ar-Ar 定年,获得坪年龄分别为 130 ± 1 Ma 和 125 ± 1 Ma,限定了横洞 Co 矿床成矿年龄约为 125 Ma,揭示成矿与 130~125 Ma 长-平断裂带构造运动有关。本次研究重新处理获得

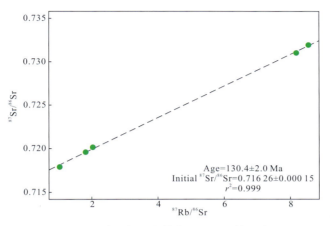

图 6-1 井冲钴铜矿床黄铁矿 Rb-Sr 等时线图

的井冲钴铜矿床黄铁矿等时线年龄(130±2 Ma)与花岗斑岩锆石 U-Pb 年龄(约 131 Ma)一致，略老于横洞钴矿床白云母 $^{40}Ar/^{39}Ar$ 年代学结果。但 Peng 等(2023)获得的与闪锌矿共生的蚀变白云母 Ar-Ar 年龄较黄铁矿 Rb-Sr 等时线年龄和花岗斑岩锆石 U-Pb 年龄年轻 8～9 Ma。这一 Ar-Ar 年龄不一定代表了铅锌矿体的形成年龄，而极有可能是成矿后构造事件的反映。相同地质现象也在相邻的桃林铅锌矿床中被发现，Shan 等(2023)厘定该矿床中的黑云母二长花岗岩锆石 U-Pb 年龄为 136±0.8 Ma，铅锌矿体黄铁矿 Rb-Sr 等时线年龄为 135±3 Ma。但 Xu 等(2022)获得蚀变白云母 Ar-Ar 年龄约为 121 Ma，也明显晚于成矿岩体的锆石 U-Pb 年龄。

此外，相邻地区的栗山铅锌矿床(129±1 Ma；Xu et al.，2022)、黄金洞金矿床(130±8 Ma；周岳强等，2021)、虎形山钨铍矿床(134±2 Ma；Xu et al.，2020)，甚至仁里(133～130 Ma；周芳春等，2020；Li et al.，2020b)和断峰山(132～131 Ma；李艳军等，2021)伟晶岩型锂铌钽矿床也被厘定形成于早白垩世(约 130 Ma)，表明湘东北地区及邻区发育大规模的早白垩世成矿事件，而且这些成矿事件与同时代的岩浆活动关系密切(Xu et al.，2020；Xu et al.，2022；Shan et al.，2023)。

第二节 硫化物微区微量元素特征

一、黄铁矿微量元素特征

黄铁矿微量元素分析测试结果见表 6-2。PyⅡ中 Co、As、Cu、Pb 和 Bi 元素剥蚀信号曲线不稳定，常出现阶梯状或山峰状异常峰，暗示赋存有微粒包裹体。而 PyⅠ中信号曲线较

表 6-2 井冲钴铜矿床黄铁矿微量元素分析测试结果

期次	测试点号	Co ($\times 10^{-6}$)	Ni ($\times 10^{-6}$)	Cu ($\times 10^{-6}$)	Zn ($\times 10^{-6}$)	As ($\times 10^{-6}$)	Se ($\times 10^{-6}$)	Ag ($\times 10^{-6}$)	Te ($\times 10^{-6}$)	Au ($\times 10^{-6}$)	Pb ($\times 10^{-6}$)	Bi ($\times 10^{-6}$)	Co/Ni ($\times 10^{-6}$)	Se/S ($\times 10^{-4}$)
PyⅠ	JC7-0-1PyⅠ-1	492.83	38.78	1.37	—	16 384	111.31	—	—	—	—	—	12.7	2.09
	JC7-0-1PyⅠ-2	310.10	8.47	2.02	79.17	2 057.7	44.36	0.13	2.59	1.32	2.90	0.39	36.6	0.83
	JC7-0-2PyⅠ-1	673.91	3.63	—	—	952.72	135.57	—	13.77	0.06	3.07	0.47	186	2.54
	JC7-0-2PyⅠ-2	339.76	8.23	3.00	—	1 771.4	121.03	—	8.34	—	0.16	0.07	41.3	2.27
	JC7-0-3PyⅠ-1	580.25	—	1.63	—	44 570	48.27	—	—	0.04	—	0.02	—	0.91
	JC7-0-3PyⅠ-2	1.91	—	0.77	—	28 214	15.19	—	—	1.51	7.49	0.99	—	0.28
	JC7-0-3PyⅠ-3	4.13	—	12.26	94.39	250.60	22.64	0.97	—	1.67	11.76	0.64	—	0.42
	JC8-50-3PyⅠ-1	213.56	2.41	2.18	—	8 531.4	92.51	—	3.18	—	74.36	2.06	88.6	1.73
	JC8-50-3PyⅠ-2	112.69	2.94	—	—	17.79	57.88	0.05	0.97	0.15	0.17	0.18	38.3	1.09
	JC8-50-5PyⅠ-1	4 716.6	18.22	854.15	20.60	3 424.1	58.22	0.84	2.72	—	5.72	0.82	259	1.09
	JC8-50-5PyⅠ-2	999.05	5.24	2.93	—	4 995.4	78.84	0.09	—	0.29	9.85	7.83	191	1.48
	JC3-1-2-2PyⅠ-1	1 947.3	25.02	1.68	—	7 765.0	12.65	—	—	0.31	3.60	1.43	77.8	0.24
	JC3-1-2-2PyⅠ-2	349.71	16.61	334.06	877.15	172.78	13.33	4.80	—	0.09	0.07	0.05	21.1	0.25
	JC3-1-2-2PyⅠ-3	1 101.1	36.00	0.82	—	5 506.4	19.05	0.10	—	0.42	185.17	28.12	30.6	0.36
PyⅡ	JC7-0-1PyⅡ-1	4 084.0	154.78	2.41	—	119.34	88.21	1.45	11.36	0.05	0.71	0.89	26.4	1.66
	JC7-0-1PyⅡ-2	111.29	1.40	36.54	485.93	1 813.58	55.77	13.98	1.76	—	45.09	13.69	79.5	1.05
	JC7-0-2PyⅡ-1	592.16	11.17	6.83	—	111.31	55.86	1.37	4.66	—	1 510.68	26.26	53.0	1.05
	JC7-0-2PyⅡ-2	252.42	14.18	7.30	—	1 496.1	126.93	0.93	6.82	0.11	21.80	18.70	17.8	2.39
	JC7-0-2PyⅡ-3	800.67	88.48	1 287.69	13.03	2 914.1	50.47	1.54	6.29	0.21	30.61	7.23	9.05	0.95
											13.14	12.97		

续表 6-2

期次	测试点号	Co ($\times 10^{-6}$)	Ni ($\times 10^{-6}$)	Cu ($\times 10^{-6}$)	Zn ($\times 10^{-6}$)	As ($\times 10^{-6}$)	Se ($\times 10^{-6}$)	Ag ($\times 10^{-6}$)	Te ($\times 10^{-6}$)	Au ($\times 10^{-6}$)	Pb ($\times 10^{-6}$)	Bi ($\times 10^{-6}$)	Co/Ni ($\times 10^{-6}$)	Se/S ($\times 10^{-4}$)
PyⅡ	JC7-0-3PyⅡ-1	1.62	—	2 453.38	1 218.94	142.59	15.69	10.98	—	—	386.92	20.34		0.30
	JC7-0-3PyⅡ-2	25.38	—	—	—	504.87	10.38	—	—	—	0.09	0.02		0.20
	JC7-0-3PyⅡ-3	270.17	—	1.40	—	49 270	8.15	—	—	7.88	3.59	0.16		0.15
	JC8-50-3PyⅡ-1	8.53	0.13	8.82	10.58	2 982.1	64.00	0.45	—	—	42.85	1.17		1.20
	JC8-50-3PyⅡ-2	59.17	—	—	—	341.19	37.29	2.10	1.60	0.02	59.15	6.51	455	0.70
	JC8-50-3PyⅡ-3	15.08	—	—	—	86.17	85.21	0.49	—	—	37.11	4.72		1.60
	JC8-50-3PyⅡ-4	202.49	5.03	12.02	303.03	93.76	36.38	1.46	2.63	—	147.76	4.28	40.3	0.68
	JC8-50-5PyⅡ-1	5.25	—	—	—	17.77	43.13	0.22	—	—	18.41	1.75		0.81
	JC8-50-5PyⅡ-2	32.33	—	0.85	—	27 422	34.56	0.20	1.55	0.60	9.32	1.67		0.65
	JC8-50-5PyⅡ-3	77.77	—	0.74	—	1 382.6	65.94	—	—	—	0.48	0.46		1.24
	JC3-1-2-2PyⅡ-1	1 024.1	0.43	—	—	1 458.8	4.69	—	—	—	1.23	1.39	2382	0.09
	JC3-1-2-2PyⅡ-2	64.85	—	—	—	925.75	26.30	—	—	—	0.92	0.68		0.49
	JC3-1-2-2PyⅡ-3	297.16	—	22.98	—	760.02	—	8.19	—	—	1.92	8.08		
	JC3-1-2-2PyⅡ-4	671.07	83.42	23.16	—	34.11	13.77	—	—	—	0.20	0.78	8.04	0.26

注：—为低于检测限。

为平稳,包裹体较 PyⅡ 少,微量元素主要以类质同象形式赋存。部分测点微量元素含量偏差较大,可能是激光剥蚀到黄铁矿中的矿物微粒包裹体,在计算含量时作为异常值剔除。

PyⅠ(14 个测点)相对富集 Co、As、Se 和 Au 等元素,但 PyⅡ(19 个测点)相对富集 Ni、Cu、Zn、Ag、Te、Pb 和 Bi 等元素(图 6-2)。Co 和 As 含量范围较大且均在 PyⅠ中显著富集,其含量分别为 $112.7×10^{-6}$~$1947×10^{-6}$(平均 $647.3×10^{-6}$)和 $173×10^{-6}$~$44\,570×10^{-6}$(平均为 $9584×10^{-6}$)。PyⅡ中 Co 含量为 $5.25×10^{-6}$~$1024×10^{-6}$(平均 $250.6×10^{-6}$),As 含量为 $17.8×10^{-6}$~$2982×10^{-6}$(平均为 $893×10^{-6}$),两者明显较 PyⅠ低。两阶段黄铁矿中 Ni 含量均较低,少数测点含量低于检测限,PyⅠ中 Ni 元素范围较为集中,为 $2.41×10^{-6}$~$38.8×10^{-6}$(平均 $15.1×10^{-6}$);Ni 在 PyⅡ中含量为 $0.43×10^{-6}$~$155×10^{-6}$(平均 $39.9×10^{-6}$)。PyⅠ和 PyⅡ的 Co/Ni 比值分别为 12.7~259 和 8.04~2382。PyⅠ中 Se 和 Te 含量分别为 $12.7×10^{-6}$~$136×10^{-6}$(平均为 $59.4×10^{-6}$)和 $0.97×10^{-6}$~$13.8×10^{-6}$(平均为 $5.26×10^{-6}$);PyⅡ中 Se 含量为 $4.69×10^{-6}$~$127×10^{-6}$(平均 $45.7×10^{-6}$),Te 含量为 $1.55×10^{-6}$~$11.4×10^{-6}$(平均为 $4.58×10^{-6}$)。两者 Se 和 Te 分布均较为集中,且含量基本一致。基于对应的电子探针测试的 S 含量(分别为 53.32 wt.% 和 53.16 wt.%),PyⅠ和 PyⅡ的 Se/S 比值分别为 $0.24×10^{-4}$~$2.54×10^{-4}$ 和 $0.09×10^{-4}$~$2.39×10^{-4}$(表 6-2)。

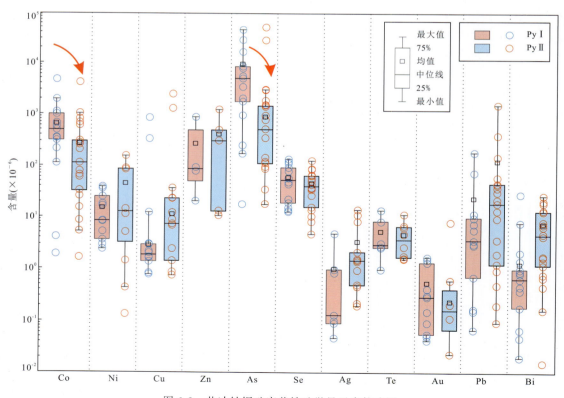

图 6-2　井冲钴铜矿床黄铁矿微量元素箱式图

二、闪锌矿微量元素特征

井冲钴铜矿床中 15 个闪锌矿测点微量元素分析测试结果见表 6-3。闪锌矿中微量元素信号剥蚀曲线总体较为平稳,异常峰少见(图 6-3a,b),暗示微量元素以类质同象形式赋存。仅少数测点 Cu 元素信号呈明显山峰状、阶梯状起伏(图 6-3c,d),指示黄铜矿微粒包裹体的存在。闪锌矿中成矿元素 Co 含量较低(图 6-4),为 $0.54\times10^{-6}\sim45.1\times10^{-6}$。Fe 和 Ga 元素分布均较集中(图 6-4),含量分别为 $45\,346\times10^{-6}\sim89\,809\times10^{-6}$(平均为 $75\,417\times10^{-6}$)和 $1.31\times10^{-6}\sim6.48\times10^{-6}$(平均为 3.54×10^{-6})。In 含量较低且范围较大(图 6-4),含量为 $0.23\times10^{-6}\sim4.07\times10^{-6}$。Cd 含量为 $372\times10^{-6}\sim548\times10^{-6}$(平均为 436×10^{-6})。对应的 Ga/In 和 Cd/Fe 比值分别为 $0.08\sim13.1$ 和 $0.005\sim0.009$(表 6-3)。

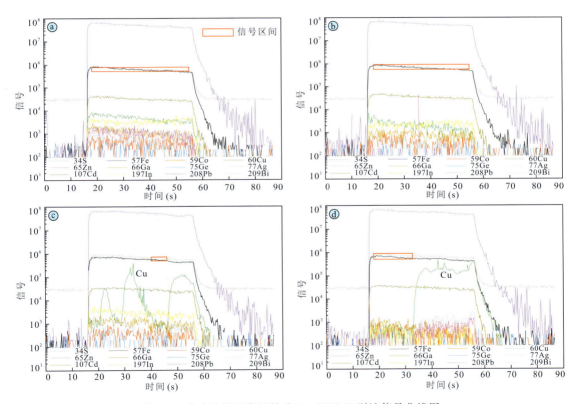

图 6-3　井冲钴铜矿床闪锌矿 LA-ICPMS 剥蚀信号曲线图

表6-3 井冲钴铜矿床闪锌矿微量元素分析测试结果

单位：×10⁻⁶

测试点号	Fe	Co	Cu	Ga	Ge	Ag	Cd	In	Sn	Pb	Bi	Ga/In	Cd/Fe
JC7-0-3Sp-1	73 470	39.66	90.49	2.68	0.90	1.17	397.18	0.53	29.13	0.90	0.02	5.06	0.005
JC7-0-3Sp-2	81 237	1.08	78.83	4.17	0.35	1.70	440.73	3.00	51.15	1.55	0.07	1.39	0.005
JC7-0-3Sp-3	76 853	45.10	369.73	6.48	1.21	1.39	409.56	0.83	43.80	0.06	0.02	7.81	0.005
JC7-0-3Sp-4	70 564	0.90	22.26	3.24	—	0.79	372.15	2.29	0.51	0.02	—	1.41	0.005
JC7-0-3Sp-5	69 730	1.02	6.06	2.30	—	0.83	396.49	0.23	0.60	0.15	0.01	10.00	0.006
JC7-0-3Sp-6	88 535	0.94	143.96	3.71	—	0.91	548.36	0.43	109.16	0.15	0.00	8.63	0.006
JC7-0-3Sp-7	79 105	1.50	50.36	1.93	0.41	0.91	429.62	14.84	29.57	0.84	0.02	0.13	0.005
JC7-0-3Sp-8	79 487	0.95	68.88	4.65	0.30	1.06	475.51	0.75	49.39	0.22	—	6.20	0.006
JC7-0-3Sp-9	68 221	36.32	13.43	1.32	—	0.74	396.68	4.07	4.50	0.04	0.00	0.32	0.006
JC7-0-3Sp-10	74 987	0.95	65.34	4.22	—	1.16	464.26	25.98	1.73	0.18	0.01	0.16	0.006
JC7-0-3Sp-11	45 346	7.56	23661	2.56	—	7.65	402.07	2.92	3.82	5.19	0.55	0.88	0.009
JC7-0-3Sp-12	80 066	0.97	31.02	2.61	—	0.65	454.76	1.94	18.12	0.09	0.00	1.35	0.006
JC7-0-3Sp-13	81 008	8.86	86.84	5.19	0.33	0.74	418.08	68.37	14.25	0.02	—	0.08	0.005
JC7-0-3Sp-14	89 810	0.79	101.38	3.91	—	0.98	534.41	3.05	78.41	0.99	0.08	1.28	0.006
JC7-0-3Sp-15	72 844	0.54	7.84	4.07	—	0.77	400.14	0.31	0.91	—	—	13.10	0.005

注：—为低于检测限。

第六章　矿床地球化学特征

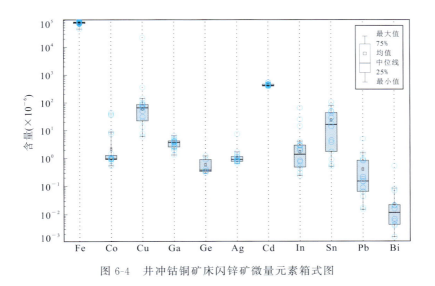

图 6-4　井冲钴铜矿床闪锌矿微量元素箱式图

第三节　流体包裹体特征

岩相学研究表明,流体包裹体常呈群体分布(图 6-5),个别为孤立状。常温下流体包裹体类型以富液相(LV 型)为主(图 6-5),主要为椭圆状和长条状,大小为 5～45 μm,气液比为 5%～35%,气液两相界线明显。均一测温实验中该类包裹体全部均一至液相。

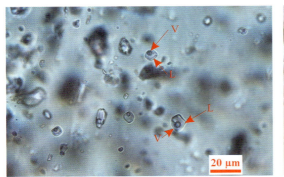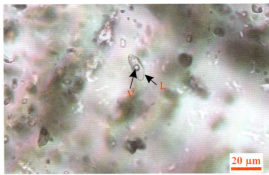

图 6-5　井冲钴铜矿床流体包裹体岩相学特征(L 为液相,V 为气相)

基于包裹体岩相学特征,对主成矿阶段 8 件石英中原生流体开展了包裹体均一温度和冰点测定,测试结果见图 6-6 和表 6-4。均一温度范围为 134～305℃,峰值集中于 180～

260℃(平均为209℃),具有中温特征。冰点范围集中于-8.0~-0.2℃。采用公式 $S = 0.00 + 1.78t - 0.044\ 2t^2 + 0.000\ 557t^3$ [t 为冰点(℃),0~24.3%的 NaCl 溶液](Hall et al.,1988)计算获得主成矿阶段石英中流体盐度变化范围为 0.35~11.7 wt.% $NaCl_{eqv}$,集中于 8~12 wt.% $NaCl_{eqv}$(图 6-6c)。

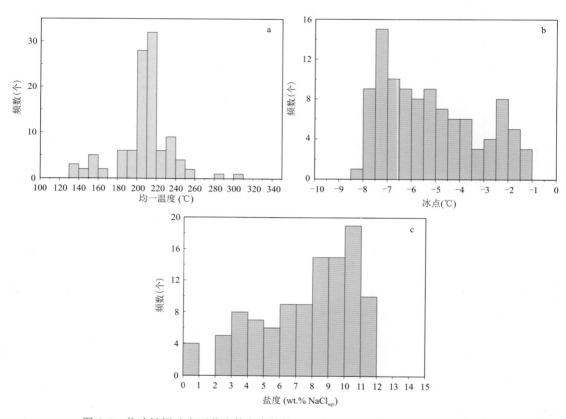

图 6-6 井冲钴铜矿床石英流体包裹体均一温度(a)、冰点(b)和盐度(c)统计图

基于均一温度和盐度数据,利用刘斌等(1987)提出的经验公式计算流体密度。结果表明,井冲矿床主成矿阶段成矿流体的密度主要集中于 0.80~0.99 g/cm³,平均值为 0.91 g/cm³,总体显示低密度特征(表 6-4)。

依据邵洁涟和梅建明(1986)提出的经验公式($P = P_0 \times T_1/T_0$;$P_0 = 219 + 2620 \times \omega$;$T_0 = 374 + 920 \times \omega$),计算获得成矿流体的压力参数。结果表明,主成矿阶段流体捕获压力为 10.7~30.6 MPa,平均捕获压力为 19.4 MPa。矿床主要受到长-平断裂带与连云山花岗岩控制,矿体分布于构造热液蚀变岩带内,成矿体系处于开放环境。故采用静水压力梯度(孙丰月等,2000)来估算成矿深度,获得成矿深度范围为 1.07~3.06 km,平均深度为 1.95 km,总体为浅成环境。

表 6-4 井冲钴铜矿床石英流体包裹体测温测试结果

样号	寄主矿物	类型	充填度（%）	大小（μm）	冰点（℃）	均一温度（℃）	盐度（wt.% NaCl$_{eqv}$）	密度（g/cm³）	压力（MPa）	静水压力深度（km）
JC-1-1	Qz	富液相	15	11×9	−1.3	217	2.24	0.86	15.27	1.53
	Qz	富液相	15	14×8	−1.2	205	2.07	0.88	14.25	1.43
	Qz	富液相	10	7×4	−5.5	202	8.55	0.93	19.77	1.98
	Qz	富液相	25	6×5	−5.2	289	8.14	0.81	27.83	2.78
	Qz	富液相	10	10×7	−0.5	210	0.88	0.86	13.30	1.33
	Qz	富液相	10	6×6	−0.5	208	0.88	0.86	13.18	1.32
	Qz	富液相	10	14×5	−0.2	211	0.35	0.86	12.77	1.28
	Qz	富液相	10	11×7	−0.4	205	0.70	0.87	12.79	1.28
	Qz	富液相	15	10×6	−6.5	205	9.86	0.93	21.05	2.11
	Qz	富液相	10	6×5	−5.5	202	8.55	0.93	19.77	1.98
	Qz	富液相	30	10×6	−6.0	305	9.21	0.80	30.60	3.06
	Qz	富液相	12	8×6	−5.5	202	8.55	0.93	19.77	1.98
	Qz	富液相	12	8×6	−6.0	203	9.21	0.93	20.37	2.04
	Qz	富液相	10	8×5	−5.4	201	8.41	0.93	19.56	1.96
JC-3-1-1	Qz	富液相	12	8×6	−6.5	213	9.86	0.93	21.87	2.19
	Qz	富液相	10	19×9	−7.5	215	11.10	0.93	23.02	2.30
	Qz	富液相	10	10×4	−5.5	214	8.55	0.91	20.94	2.09
	Qz	富液相	12	6×4	−7.2	215	10.73	0.93	22.75	2.27
	Qz	富液相	10	10×7	−7.3	216	10.86	0.93	22.95	2.29
	Qz	富液相	10	6×3	−5.0	207	7.86	0.92	19.71	1.97
	Qz	富液相	12	16×9	−7.0	208	10.49	0.94	21.83	2.18
	Qz	富液相	12	14×11	−7.2	212	10.73	0.93	22.43	2.24
	Qz	富液相	15	14×8	−7.7	214	11.34	0.94	23.09	2.31
	Qz	富液相	15	15×11	−7.3	213	10.86	0.93	22.63	2.26
	Qz	富液相	15	14×9	−6.6	205	9.98	0.93	21.15	2.11
	Qz	富液相	15	15×9	−7.8	218	11.46	0.93	23.61	2.36
	Qz	富液相	15	14×8	−7.3	219	10.86	0.93	23.27	2.33
	Qz	富液相	15	16×13	−7.2	214	10.73	0.93	22.64	2.26
	Qz	富液相	15	14×7	−7.8	213	11.46	0.94	23.07	2.31

续表 6-4

样号	寄主矿物	类型	充填度（%）	大小（μm）	冰点（℃）	均一温度（℃）	盐度（wt.% NaCl$_{eqv}$）	密度（g/cm³）	压力（MPa）	静水压力深度（km）
JC-3-1-1	Qz	富液相	20	15×12	−6.8	211	10.24	0.93	21.96	2.20
	Qz	富液相	18	13×10	−7.7	218	11.34	0.93	23.52	2.35
	Qz	富液相	18	10×5	−7.2	215	10.73	0.93	22.75	2.27
JC-3-1-2	Qz	富液相	15	7×4	−3.5	233	5.71	0.87	20.14	2.01
	Qz	富液相	15	7×5	−3.8	229	6.16	0.88	20.22	2.02
	Qz	富液相	15	7×4	−4.2	248	6.74	0.86	22.50	2.25
	Qz	富液相	15	8×7	−3.5	225	5.71	0.88	19.45	1.94
	Qz	富液相	15	10×5	−3.5	220	5.71	0.88	19.01	1.90
	Qz	富液相	15	13×7	−4.0	198	6.45	0.92	17.73	1.77
	Qz	富液相	15	11×6	−3.8	224	6.16	0.88	19.78	1.98
	Qz	富液相	15	11×3	−4.3	237	6.88	0.87	21.64	2.16
	Qz	富液相	15	13×5	−6.0	228	9.21	0.90	22.88	2.29
	Qz	富液相	15	11×5	−5.2	205	8.14	0.92	19.74	1.97
	Qz	富液相	15	8×7	−5.5	215	8.55	0.91	21.04	2.10
	Qz	富液相	15	11×5	−4.5	210	7.17	0.91	19.42	1.94
	Qz	富液相	15	9×6	−4.5	208	7.17	0.91	19.23	1.92
	Qz	富液相	15	9×7	−5.0	212	7.86	0.91	20.19	2.02
JC-3-2-2	Qz	富液相	5	12×5	−7.5	155	11.10	0.99	16.60	1.66
	Qz	富液相	10	6×5	−6.3	159	9.60	0.98	16.18	1.62
	Qz	富液相	10	5×3	−6.8	161	10.24	0.98	16.75	1.68
	Qz	富液相	10	3×3	−8.0	153	11.70	1.00	16.69	1.67
	Qz	富液相	10	3×2	−7.8	157	11.46	0.99	17.00	1.70
	Qz	富液相	20	6×4	−6.7	182	10.11	0.96	18.86	1.89
	Qz	富液相	40	3×2	−6.5	184	9.86	0.96	18.90	1.89
	Qz	富液相	10	6×3	−7.8	231	11.46	0.92	25.02	2.50
	Qz	富液相	20	6×5	−7.5	228	11.10	0.92	24.41	2.44
	Qz	富液相	15	5×4	−6.8	237	10.24	0.90	24.66	2.47
	Qz	富液相	10	6×2	−7.1	233	10.61	0.91	24.55	2.46

续表 6-4

样号	寄主矿物	类型	充填度（%）	大小（μm）	冰点（℃）	均一温度（℃）	盐度（wt.% $NaCl_{eqv}$）	密度（g/cm³）	压力（MPa）	静水压力深度（km）
JC-3-3-1	Qz	富液相	5	5×3	−3.3	165	5.41	0.94	14.05	1.40
	Qz	富液相	5	9×5	−4.5	153	7.17	0.97	14.15	1.41
	Qz	富液相	7	5×5	−5.1	148	8.00	0.98	14.17	1.42
	Qz	富液相	5	3×3	−4.9	149	7.73	0.97	14.11	1.41
	Qz	富液相	8	5×3	−3.1	138	5.11	0.97	11.57	1.16
	Qz	富液相	10	9×7	−2.4	136	4.03	0.96	10.74	1.07
	Qz	富液相	5	3×3	−2.8	134	4.65	0.97	10.96	1.10
JC-3-3-2	Qz	富液相	20	5×5	−6.0	205	9.21	0.93	20.57	2.06
	Qz	富液相	20	11×8	−5.8	218	8.95	0.91	21.66	2.17
	Qz	富液相	10	7×3	−7.2	206	10.73	0.94	21.80	2.18
	Qz	富液相	10	5×3	−7.3	210	10.86	0.94	22.31	2.23
	Qz	富液相	20	10×7	−6.2	215	9.47	0.92	21.78	2.18
	Qz	富液相	25	15×9	−6.5	198	9.86	0.94	20.33	2.03
	Qz	富液相	10	10×3	−6.0	207	9.21	0.93	20.77	2.08
	Qz	富液相	15	9×7	−5.8	211	8.95	0.92	20.96	2.10
	Qz	富液相	20	6×5	−7.3	213	10.86	0.93	22.63	2.26
	Qz	富液相	15	9×4	−7.2	210	10.73	0.94	22.22	2.22
	Qz	富液相	15	7×4	−7.0	205	10.49	0.94	21.51	2.15
	Qz	富液相	20	10×5	−7.3	218	10.86	0.93	23.16	2.32
	Qz	富液相	15	9×7	−6.5	211	9.86	0.93	21.67	2.17
	Qz	富液相	12	11×7	−6.0	195	9.21	0.94	19.57	1.96
JC-3-4-1	Qz	富液相	5	4×3	−2.3	210	3.87	0.88	16.42	1.64
	Qz	富液相	8	10×9	−1.5	217	2.57	0.86	15.63	1.56
	Qz	富液相	10	9×7	−1.9	184	3.23	0.91	13.83	1.38
	Qz	富液相	7	8×6	−2.5	213	4.18	0.88	16.97	1.70
	Qz	富液相	5	8×3	−2.8	220	4.65	0.88	17.99	1.80
	Qz	富液相	5	5×4	−2.1	190	3.55	0.90	14.58	1.46
	Qz	富液相	5	2×1	−2.5	187	4.18	0.91	14.90	1.49
	Qz	富液相	7	3×2	−2.3	195	3.87	0.90	15.25	1.53

续表 6-4

样号	寄主矿物	类型	充填度（%）	大小（μm）	冰点（℃）	均一温度（℃）	盐度（wt.% NaCl$_{eqv}$）	密度（g/cm³）	压力（MPa）	静水压力深度（km）
JC-3-4-1	Qz	富液相	10	8×6	−2.4	205	4.03	0.89	16.18	1.62
	Qz	富液相	8	6×4	−1.3	194	2.24	0.89	13.65	1.37
	Qz	富液相	7	7×4	−1.5	183	2.57	0.91	13.18	1.32
	Qz	富液相	5	9×9	−1.8	196	3.06	0.89	14.58	1.46
	Qz	富液相	8	14×5	−2.1	212	3.55	0.88	16.26	1.63
	Qz	富液相	5	9×3	−2.4	203	4.03	0.89	16.02	1.60
	Qz	富液相	10	9×5	−2.0	210	3.39	0.88	15.95	1.60
	Qz	富液相	7	5×4	−1.8	260	3.06	0.80	19.35	1.93
JC-3-5-1	Qz	富液相	10	6×5	−5.1	251	8.00	0.86	24.04	2.40
	Qz	富液相	10	8×5	−4.5	247	7.17	0.86	22.84	2.28
	Qz	富液相	10	6×3	−4.3	235	6.88	0.87	21.46	2.15
	Qz	富液相	8	6×3	−3.3	232	5.11	0.86	19.45	1.94
	Qz	富液相	5	4×3	−4.3	206	6.88	0.91	18.81	1.88
	Qz	富液相	8	6×4	−5.2	210	8.14	0.91	20.22	2.02
	Qz	富液相	8	7×3	−5.8	228	8.95	0.90	22.65	2.27
	Qz	富液相	2	5×3	−6.1	231	9.34	0.90	23.29	2.33
	Qz	富液相	2	8×3	−4.3	220	6.88	0.89	20.09	2.01
	Qz	富液相	2	8×4	−3.9	246	6.30	0.85	21.87	2.19
	Qz	富液相	8	9×5	−4.5	242	7.17	0.87	22.37	2.24
	Qz	富液相	15	11×8	−4.8	216	7.59	0.90	20.33	2.03
	Qz	富液相	15	12×7	−5.3	238	8.28	0.88	23.04	2.30

第四节 H-O 同位素特征

主成矿阶段 3 件石英样品 H-O 同位素分析及计算结果见表 6-5 和图 6-7。δD_{H_2O} 为 −67.9‰～−64.1‰（均值为 −64.1‰），$\delta^{18}O_{石英}$ 为 9.8‰～12.2‰。流体 $\delta^{18}O_{H_2O}$ 采用 Clayton 等（1972）提出的计算公式 $1000\ln\alpha_{石英-水} = 4.38 \times 10^6 T^{-2} - 4.40$（$T$ 为均一温度，本次采用均值 209℃）进行校正。均一温度校正后的 $\delta^{18}O_{H_2O}$ 为 −1.4‰～1.0‰（均值 −0.5‰）。

井冲钴铜矿床 H-O 同位素值整体与湘东北地区桃林和栗山岩浆热液脉型铅锌矿床（陕亮，2019；Shan et al.，2023）相似，但稍偏向岩浆水范围。

表 6-5 井冲钴铜矿床及邻区典型矿床 H-O 同位素结果表

矿床	$\delta D_{V\text{-}SMOW}$(‰)	$\delta^{18}O_{H_2O}$(‰)	来源
井冲钴铜矿床	−64.1	1.0	本研究
	−63.1	−1.4	
	−67.9	−1.2	
桃林铅锌矿床	−65.9	−2.9	Shan et al.，2023
	−62.7	−2.9	
	−62.5	−4.1	
	−67.4	−1.8	
栗山铅锌矿床	−75.5	−5.3	陕亮，2019
	−65.8	−7.4	
	−73.6	−6.6	
	−70.9	−6.4	
	−70.1	−4.4	

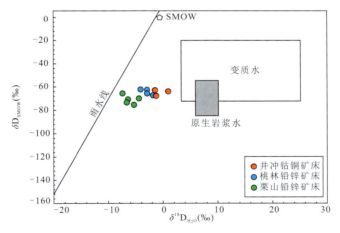

图 6-7 井冲钴铜矿床成矿流体 δD_{H_2O} − δ_{H_2O} 同位素图解

（桃林、栗山矿床数据分别据陕亮，2019 和 Shan et al.，2023）

第五节 S 同位素特征

井冲钴铜矿床 40 个黄铁矿、黄铜矿和闪锌矿测点原位微区 S 同位素测试数据见表 6-6。

12 个 PyⅠ测点 δ^{34}S 值为 $-5.20‰\sim-0.32‰$，平均值为 $-3.00‰$。13 个 PyⅡ测点 δ^{34}S 值为 $-4.37‰\sim-1.00‰$（平均为 $-2.76‰$），略高于 PyⅠ。6 个闪锌矿测点具有最高的 δ^{34}S 值，其值为 $-2.19‰\sim-1.22‰$（平均 $-1.60‰$）。黄铜矿 δ^{34}S 值最低，9 个测点值为 $-4.68‰\sim-1.87‰$，平均值为 $-3.12‰$。

表 6-6　井冲钴铜矿床硫化物微区 S 同位素测试结果

测试点号	矿物	$\delta^{34}S_{V-CDT}$(‰)	误差	测试点号	矿物	$\delta^{34}S_{V-CDT}$(‰)	误差
JC7-0-1PyⅠ-1	PyⅠ	−3.94	0.06	JC7-0-1PyⅡ-1	PyⅡ	−3.27	0.05
JC7-0-1PyⅠ-2		−4.74	0.03	JC7-0-1PyⅡ-2		−4.37	0.04
JC7-0-2PyⅠ-1		−1.57	0.04	JC7-0-2PyⅡ-1		−1.81	0.04
JC7-0-2PyⅠ-2		−0.32	0.04	JC7-0-2PyⅡ-2		−2.98	0.05
JC7-0-3PyⅠ-1		−1.63	0.05	JC7-0-3PyⅡ-1		−1.66	0.04
JC7-0-3PyⅠ-2		−2.36	0.06	JC7-0-3PyⅡ-2		−1.43	0.04
JC8-50-3PyⅠ-1		−3.85	0.03	JC8-50-3PyⅡ-1		−4.17	0.04
JC8-50-3PyⅠ-2		−4.10	0.03	JC8-50-3PyⅡ-2		−3.42	0.03
JC8-50-5PyⅠ-1		−5.20	0.04	JC8-50-3PyⅡ-3		−2.87	0.03
JC8-50-5PyⅠ-2		−4.21	0.05	JC8-50-5PyⅡ-1		−3.62	0.04
JC3-1-2-2PyⅠ-1		−2.05	0.05	JC8-50-5PyⅡ-2		−3.46	0.03
JC3-1-2-2PyⅠ-2		−2.03	0.04	JC3-1-2-2PyⅡ-1		−1.84	0.05
JC7-0-3Cp-1	Ccp	−3.83	0.05	JC3-1-2-2PyⅡ-2		−1.00	0.04
JC7-0-3Cp-2		−1.87	0.05	JC7-0-3Sph-1	Sph	−2.19	0.05
JC7-0-3Cp-3		−2.08	0.04	JC7-0-3Sph-2		−1.84	0.05
JC8-50-5Cp-1		−4.68	0.04	JC7-0-3Sph-3		−1.48	0.06
JC8-50-5Cp-2		−2.58	0.14	JC7-0-3Sph-4		−1.22	0.07
JC8-50-5Cp-3		−3.66	0.24	JC7-0-3Sph-5		−1.47	0.06
JC3-1-2-2Cp-1		−2.81	0.06	JC7-0-3Sph-6		−1.38	0.04
JC3-1-2-2Cp-2		−3.97	0.05				
JC3-1-2-2Cp-3		−2.60	0.06				

前人已获得 28 件黄铁矿和 15 件黄铜矿单矿物样品 δ^{34}S 值分别为 $-4.9‰\sim0.2‰$ 和 $-4.4‰\sim0.2‰$（刘姤群等，2001；易祖水等，2010；Wang et al.，2017；陕亮，2019）。2 件白铁矿样品 S 同位素 δ^{34}S 值为 $-4.3‰\sim-3.0‰$（易祖水等，2010）。本次研究获得的硫化物微区 S 同位素和这些单矿物 S 同位素数据范围基本一致，总共 85 个硫化物样品/测点 δ^{34}S 值为 $-5.20‰\sim0.2‰$（平均值为 $-2.35‰$），且呈现出 $\delta^{34}S_{黄铜矿}<\delta^{34}S_{PyⅠ}<\delta^{34}S_{PyⅡ}<$

$\delta^{34}S_{闪锌矿}$趋势。S同位素组成直方图中,$\delta^{34}S$值分布较为集中,但呈现"双峰"特征(图6-8)。Peng等(2023)也对铅锌矿体中闪锌矿和黄铁矿开展了微区S同位素研究,$\delta^{34}S$值分别为$-3.0‰\sim-1.7‰$和$-2.1‰\sim3.5‰$。闪锌矿$\delta^{34}S$值与钴铜矿体基本一致,但黄铁矿$\delta^{34}S$值明显高于钴铜矿体。

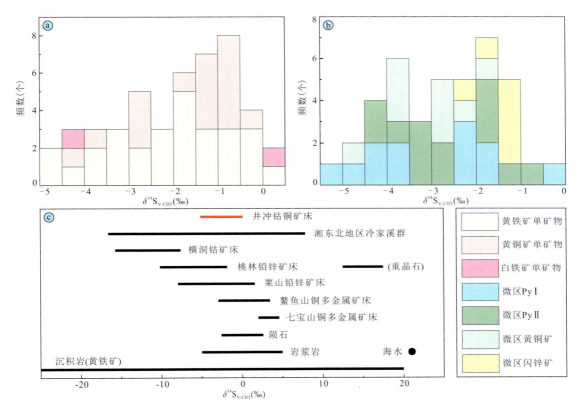

图6-8 井冲钴铜矿床硫化物微区S同位素组成直方图(a)、微区S同位素组成直方图(b)和综合对比图(c)

注:单矿物S同位素数据引自据刘姤群等(2001)、易祖水等(2010)、陕亮(2019)和Wang et al.(2017);湘东北冷家溪群据罗献林(1990)和刘亮明等(1999);横洞钴矿床据Zou et al.(2018);桃林铅锌矿床据Ding et al.(1984)、Yu et al.(2020)和Shan et al.(2023);栗山铅锌矿床据张鲲等(2015)和陕亮(2019);鳌鱼山铜多金属矿床据刘姤群等(2001);七宝山铜多金属矿床据胡俊良等(2017);陨石据Monster et al.(1965)和Kaplan and Hulston(1966);岩浆岩据Ohmoto et al.(1972);海水据Rees et al.(1978);沉积岩(黄铁矿)据Chambers(1982)。

第六节 Pb同位素特征

本次测试的井冲钴铜矿床中的细粒黄铁矿(PyⅡ)及前人的黄铁矿和黄铜矿(Wang et al.,2017)单矿物Pb同位素分析结果见表6-7。本次9件黄铁矿样品Pb同位素组成

为 $^{206}Pb/^{204}Pb = 18.186 \sim 18.372$，$^{207}Pb/^{204}Pb = 15.611 \sim 15.686$ 和 $^{208}Pb/^{204}Pb = 38.550 \sim 38.788$，前人 4 件黄铁矿样品 $^{206}Pb/^{204}Pb$、$^{207}Pb/^{204}Pb$ 和 $^{208}Pb/^{204}Pb$ 值分别为 $18.195 \sim 18.342$、$15.605 \sim 15.645$ 和 $38.327 \sim 38.663$（Wang et al.，2017）。7 件黄铜矿样品 $^{206}Pb/^{204}Pb$ 值为 $18.330 \sim 18.746$（平均 18.398），$^{207}Pb/^{204}Pb$ 值为 $15.642 \sim 15.741$（平均 15.671），$^{208}Pb/^{204}Pb$ 值为 $38.687 \sim 39.150$（平均 38.289）（Wang et al.，2017）。PyⅡ 的 Pb 同位素组成与黄铜矿一致，显示了不同期次黄铁矿和黄铜矿的 Pb 同位素来源相同。

表 6-7 井冲钴铜矿床硫化物 Pb 同位素测试结果

测试对象	样品编号	$^{206}Pb/^{204}Pb$	$^{207}Pb/^{204}Pb$	$^{208}Pb/^{204}Pb$	来源
黄铁矿	JC1-1	18.316	15.663	38.698	本研究
	JC3-1-1-1	18.372	15.611	38.550	
	JC3-1-2-1	18.316	15.668	38.732	
	JC3-2-2-1	18.325	15.653	38.677	
	JC3-2-2-2	18.305	15.624	38.570	
	JC3-3-1-1	18.186	15.624	38.552	
	JC3-3-2	18.372	15.686	38.788	
	JC3-4-1	18.312	15.666	38.741	
	JC3-5-1-1	18.317	15.663	38.728	
	JC-01	18.330	15.644	38.663	Wang et al.，2017
	JC-02	18.195	15.605	38.327	
	JC4-1	18.342	15.642	38.637	
	JC-06	18.317	15.645	38.636	
黄铜矿	JC-02	18.342	15.642	38.355	Wang et al.，2017
	14JC-02	18.355	15.657	38.687	
	14JC-04	18.330	15.658	38.686	
	14JC-09	18.340	15.669	38.724	
	14JC-10	18.746	15.741	39.150	
	14JC-14	18.338	15.668	38.719	
	14JC-18	18.335	15.664	38.705	

第七章　矿床成因及成矿模式

第一节　成岩成矿作用关系

一、时空关系

受俯冲古太平洋板块回撤影响,江南造山带中段早白垩世构造运动强烈,岩浆活动频繁,形成多个花岗岩体、岩株、岩脉等,并发育大规模金、钴、铜、铅、锌、钨、稀有金属等成矿事件(Wang et al.,2003;张岳桥等,2012;Li et al.,2013,2016a)。随着江南造山带中段矿床学、年代学研究程度的深入,对该地区早白垩世成岩成矿事件报道越来越多。王连训等(2008)利用LA-ICPMS锆石U-Pb定年,限定了桃花山二云母二长花岗岩年龄为129±1 Ma;Ji等(2017)使用SIMS锆石U-Pb定年,限定了桃花山黑云母二长花岗岩结晶年龄为128±1 Ma,大云山-幕阜山二云母二长花岗岩年龄为132±2 Ma和127±1 Ma;Zou等(2018)利用白云母Ar-Ar法限定横洞钴矿床成矿时间为128±6 Ma。周芳春等(2020)和Li等(2020b)分别使用辉钼矿Re-Os定年和铌铁矿U-Pb定年厘定仁里铌钽矿床成矿年龄为131±1 Ma和133±3 Ma;Xu等(2020)获得虎形山钨矿床石英Rb-Sr等时线年龄为134±2 Ma;周岳强等(2021)使用白钨矿Sm-Nd定年限定黄金洞金矿床成矿年龄为130±7 Ma。Chen等(2022)获得幕阜山钠长石伟晶岩成岩年龄为135±1 Ma。桃林和栗山铅锌矿床成矿时代也被厘定为135～129 Ma(Xu et al.,2022;Shan et al.,2023)。这些年代学数据表明,江南造山带中段早白垩世是该地区一个重要的成矿时限,而且大规模的成矿作用与成岩作用具有密切的时空及成因关系(周芳春等,2020;Li et al.,2020b;Xu et al.,2020;Xu et al.,2022;Shan et al.,2023)。

井冲钴铜矿床分布于连云山岩体外接触带,赋存于热液蚀变构造角砾岩带内(许德如等,2017;Wang et al.,2017;刘萌等,2018)。与井冲钴铜矿床地质特征相似的横洞钴矿床同样位于连云山岩体外接触带热液蚀变构造角砾岩带中(邹凤辉等,2016;Zou et al.,2018)。本研究获得连云山黑云母花岗闪长岩和花岗斑岩锆石 $^{206}Pb/^{238}U$ 下交点年龄分别为150±1 Ma和131±1 Ma,精确厘定黑云母花岗闪长岩成岩时代为晚侏罗世,而花岗斑岩成岩年龄为早白垩世。井冲钴铜矿床黄铁矿Rb-Sr等时线年龄为130±2 Ma,横洞钴矿床成矿时代为130±1 Ma(Zou et al.,2018),两者均与花岗斑岩成岩时代基本一致,表明钴铜成矿可能与花岗斑岩或同期的隐伏侵入岩关系密切。

二、成矿流体关系

成矿流体来源主要有岩浆活动、变质作用、大气降水和地幔排气或地幔流体混入等(Mao et al.,2003)。通常利用H-O同位素研究成矿流体来源,不同H-O同位素组成指示不同成矿流体来源(Clayton et al.,1972)。井冲钴铜矿床δD_{V-SMOW}值为$-67.9‰ \sim -63.1‰$,$\delta^{18}O_{H_2O}$值为$-1.4‰ \sim 1.0‰$(表6-5)。δD_{V-SMOW}值与原生岩浆水一致,指示流体来源于岩浆(Taylor et al.,1986),但$\delta^{18}O_{H_2O}$值小于岩浆水($5.5‰ \sim 10‰$;Taylor,1974),向大气降水线稍有偏移(图6-7)。江南造山带湘东北地区其他矿床成矿流体中也有发现$\delta^{18}O$略微亏损的情况,归因于水-岩反应或不同流体混合过程(Hu et al.,2021)。随着水-岩反应进行,O同位素会逐渐增加,而对H同位素影响相对较小(Peng et al.,2016)。桃林铅锌矿床热液成矿期第二阶段$\delta^{18}O_{fluid}$值为$-0.2‰ \sim 8.9‰$(Yu et al.,2020),大多数位于原生岩浆水范围,早期矿化与岩浆流体具有成因关系;热液成矿期第三阶段$\delta^{18}O_{fluid}$相对亏损($-7.7‰ \sim 3.1‰$;Yu et al.,2020;Shan et al.,2023)。栗山铅锌铜多金属矿床等也发现了相对亏损的$\delta^{18}O_{fluid}$值($-7.4‰ \sim -1.3‰$;Yu et al.,2021)。这两个同时代岩浆热液矿床成矿流体后期均有大气降水的加入(陕亮,2019;Yu et al.,2020,2021;Shan et al.,2023)。因此,井冲钴铜矿床成矿流体中略微亏损$\delta^{18}O$也可解释为成矿过程中岩浆热液经历大气降水加入和混合流体的交代作用。

矿物流体包裹体中He-Ar同位素可能有3种来源:大气饱和水、壳源流体和幔源流体(Matsumoto et al.,2001;Trieloff et al.,2002)。井冲钴铜矿床黄铁矿中^4He值为$2.2 \times 10^{-8} \sim 11.8 \times 10^{-8}$ cm³STP/g,^{40}Ar值为$3.1 \times 10^{-8} \sim 11.2 \times 10^{-8}$ cm³STP/g,$^3He/^4He$值为$0.24 \times 10^{-7} \sim 4.16 \times 10^{-7}$,即$0.017 \sim 0.30$ Ra(1 Ra=1.4×10^{-6},为空气中$^3He/^4He$比值;Stuart et al.,1995),$^{40}Ar/^{36}Ar = 285.3 \sim 306.1$(Wang et al.,2017)。样品He同位素比值集中分布于壳源流体和大气饱和水之间,且靠近壳源流体,暗示成矿流体主要来源于地壳,Ar同位素比值略高于大气氩比值(295.5;Burnard et al.,1999)。成矿流体主要来自岩浆,但晚期可能有大气降水的加入(Wang et al.,2017)。井冲钴铜矿床成矿流体中$^3He/^4He$值高于地壳指示有少量地幔流体加入,按照幔-壳二元体系经验公式(Stuart et al.,1995;Ballentine et al.,2002)估算成矿流体中幔源He占比$0.12 \sim 4.88\%$(Wang et al.,2017)。井冲钴铜矿床He-Ar同位素特征指示成矿流体主要来源于地壳,有少量幔源流体和大气降水加入(Wang et al.,2017)。这一结论也与岩石地球化学及H-O同位素等特征一致,显示了钴铜成矿与早白垩世岩浆活动密切相关。

三、成矿物质关系

S同位素组成可用来示踪硫化物矿床成矿物质来源(Ohomto,1986)。但在一定程度上,受氧逸度、温度、pH值和离子含量影响,硫化物 S 同位素组成并不能代表成矿流体中 S 同位素组成(Ohmoto,1972;Ward et al.,2017)。在偏酸性、低氧逸度条件下,硫主要以 H_2S 形式存在于中—低温热液环境中,硫化物与流体间 S 同位素分馏程度很低(<2‰;Ohmoto,1972),流体中硫同位素组成与黄铁矿硫同位素组成近似(Ohmoto,1972;Rye and Ohmoto,1974)。井冲钴铜矿床未见硫酸盐矿物,表明成矿流体中氧逸度和 pH 值均较低,且硫主要以 H_2S 形式存在。因此,该钴铜矿床中硫化物 S 同位素组成可近似看作成矿流体中 S 同位素组成(Ohmoto,1972;Rye and Ohmoto,1974)。此时,硫化物 S 同位素组成可示踪成矿流体中 S 的来源。井冲钴铜矿床中硫化物单矿物和微区 $\delta^{34}S$ 值为 $-5.20‰\sim$ 0.2‰,表明成矿流体的 S 同位素组成与岩浆硫基本一致,硫主要来源于岩浆。

前人研究获得湘东北地区冷家溪群变质岩黄铁矿中 $\delta^{34}S$ 值为 $-13.10‰\sim-6.26‰$(罗献林,1990;刘亮明等,1999),显示极低的 S 同位素组成。同成矿带中的横洞钴矿床 S 同位素组成为 $-15.9‰\sim-7.5‰$,与冷家溪群 S 同位素组成较为一致,其硫被认为来源于冷家溪群和连云山杂岩体等围岩(Zou et al.,2018)。但是,相关测试分析样品主要采集于地表蚀变构造角砾(Zou et al.,2018),其低的 $\delta^{34}S$ 值可能反映的是地表硅化和绿泥石化的冷家溪群中粗粒黄铁矿的 S 同位素组成。此外,湘东北地区七宝山铜多金属矿床 S 同位素组成为 2.22‰~4.68‰(胡俊良等,2017),栗山铅锌矿床 S 同位素组成为 $-7.84‰\sim1.50‰$(张鲲等,2015;郭飞等,2018;陕亮等,2019b;Yu et al.,2021),桃林铅锌矿床早阶段 S 同位素组成为 $-7.9‰\sim-1.9‰$(Yu et al.,2020;Shan et al.,2023),鳌鱼山铜多金属矿床 S 同位素组成为 $-2.9‰\sim3.3‰$(刘姤群等,2001),均指示 S 同位素的岩浆来源(Xu et al.,2017;陕亮等,2019b;Yu et al.,2020;Shan et al.,2023)。前人研究表明,矿石 S 同位素组成受寄主沉积岩影响较大,较负的 $\delta^{34}S$ 值可能来自俯冲的沉积硫化物(Chaussidon et al.,1987;Eldridge et al.,1991)。但是,湘东北地区包括井冲钴铜矿床在内的早白垩世岩浆热液矿床(排除有争议的横洞钴矿床)$\delta^{34}S$ 值均为略低于零的负值,明显高于冷家溪群组成,因此这些矿床 S 同位素不可能直接来源于围岩。早白垩世岩浆来源这一观点应更为合理。该地区同时代不同类型矿床 S 同位素差异可能与成矿岩体源区特征差异有关(Seal,2006)。

井冲钴铜矿床硫化物 S 同位素组成为 $\delta^{34}S_{Sp}>\delta^{34}S_{PyII}>\delta^{34}S_{PyI}>\delta^{34}S_{Ccp}$(图 7-1),表明 S 同位素未达到平衡状态。随着成矿作用进行,从石英—粗粒黄铁矿阶段到钴铜硫化物阶段,$\delta^{34}S$ 值呈先升后降趋势。研究认为氧逸度降低会导致硫化物 S 同位素升高(Ward et al.,2017;Li et al.,2023;Li et al.,2024)。从 PyⅠ到 PyⅡ,$\delta^{34}S$ 值稍稍呈升高趋势,这种现象可能是由于成矿过程中氧逸度逐渐降低导致硫逸度升高,较高的硫逸度会使 S 同位素升高。这一变化过程也反映出硫化物沉淀顺序,PyⅠ形成时间稍早,此时成矿环境中硫逸度并不高,导致只有少量粗粒黄铁矿、磁黄铁矿和毒砂形成。井冲钴铜矿床未见重晶石等硫酸盐矿物,表明硫主要以 H_2S 形式存在,也佐证了成矿流体中氧逸度较低。随着硫逸度升高,大量 PyⅡ逐渐结晶析出。这一矿物结晶顺序与本研究划分的成矿阶段(表 3-1)相吻合。在钴铜硫化物成矿阶段,PyⅡ与辉砷钴矿、黄铜矿、闪锌矿和方铅矿共生(图 3-7)。但是显微结构显示 PyⅡ被黄铜矿、闪锌矿和方铅矿交代,表明其形成稍早。一般来说,岩浆热液系统中硫逸度会随着硫化物沉淀而降低(Fontbote et al.,2017;Li et al.,2020c),成矿流体的 S 同位素组成也会随之降低。根据沉淀顺序,闪锌矿和黄铜矿应该具有比 PyⅡ更低的 S 同位素组成,但这与微区硫同位素测试结果不符。闪锌矿较 PyⅡ更高的 $\delta^{34}S$ 值(-2.19‰~-1.22‰)极可能反映了另一个高硫同位素来源的参与。邻区桃林铅锌矿床热液成矿期第二阶段和第三阶段 S 同位素组成分别为-10.2‰~-4.5‰和-2.3‰~-0.3‰,矿床中 S 同位素随硫化物沉淀呈上升趋势。Yu 等(2020)认为这种现象由硫同位素组成为负值的硫化物沉淀所致。但硫化物的沉淀不能解释桃林铅锌矿床 S 同位素大幅度升高的现象。Shan 等(2023)认为重晶石中正高 S 同位素值(12.6‰~17.7‰)指示桃林铅锌矿床成矿晚期有嘉陵江组或巴东组膏盐层 S 同位素加入。井冲钴铜矿床中尚未发现重晶石,也无其他直接证据证明有膏岩硫的加入,但微观 S 同位素特征仍能推断这一过程,其极有可能与成矿过程中大气降水的加入有关。因此,井冲钴铜矿床 S 同位素主要来源于岩浆活动,$\delta^{34}S$ 值升高极可能是由于成矿过程中氧逸度降低及膏岩硫的加入所致。闪锌矿和黄铁矿微区 $\delta^{34}S$ 值(分别为-3.0‰~-1.7‰和-2.1‰~3.5‰)也揭示铅锌矿体与钴铜矿体来自同一岩浆热液体系(Peng et al.,2023)。

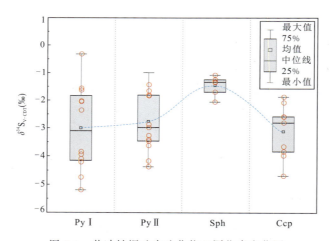

图 7-1 井冲钴铜矿床硫化物 S 同位素变化图

矿石中硫化物 Pb 同位素组成也能示踪成矿物质来源。花岗岩全岩中 Pb 同位素除普通 Pb 外还有成岩后放射性成因 Pb 累计,因此需以样品对应全岩 U、Th 和 Pb 含量使用成矿年龄进行校正。使用成矿年龄($t=130$ Ma)校正后的黑云母花岗闪长岩$(^{206}Pb/^{204}Pb)_t$ 含量为 18.268~18.360(平均为 18.306),$(^{207}Pb/^{204}Pb)_t$ 含量为 15.626~15.701(平均为 15.667),$(^{208}Pb/^{204}Pb)_t$ 含量为 38.540~38.719(平均为 38.650)。花岗斑岩$(^{206}Pb/^{204}Pb)_t=$ 18.247,$(^{207}Pb/^{204}Pb)_t=15.695$,$(^{208}Pb/^{204}Pb)_t=38.733$。二云母二长花岗岩$(^{206}Pb/^{204}Pb)_t$、$(^{207}Pb/^{204}Pb)_t$ 和$(^{208}Pb/^{204}Pb)_t$ 含量分别为 18.168~18.744(平均为

18.307)、15.603～15.705(平均为15.644)和38.360～38.777(平均为38.545)。13件黄铁矿Pb同位素组成 $^{206}Pb/^{204}Pb$、$^{207}Pb/^{204}Pb$ 和 $^{208}Pb/^{204}Pb$ 值分别为18.186～18.372(平均为18.308)、15.605～15.686(平均为15.646)和38.327～38.788(平均为38.638)(Wang et al., 2017及本研究)。7件黄铜矿样品 $^{206}Pb/^{204}Pb$ 值为18.330～18.746(平均为18.398),$^{207}Pb/^{204}Pb$ 值为15.642～15.741(平均为15.671),$^{208}Pb/^{204}Pb$ 值为38.687～39.150(平均为38.289)(Wang et al., 2017)。

  黄铜矿和黄铁矿的Pb同位素组成与成矿年龄校正后的花岗斑岩和花岗闪长岩组成一致,表明成矿与岩浆岩关系密切。这些Pb同位素比值与冷家溪群Pb同位素组成($^{206}Pb/^{204}Pb=18.832～22.038$,$^{207}Pb/^{204}Pb=15.586～15.937$,$^{208}Pb/^{204}Pb=39.294～46.917$;刘海臣和朱炳泉,1994)存在显著差异。在 $(^{207}Pb/^{204}Pb)_t-(^{206}Pb/^{204}Pb)_t$ 图(图7-2a)中,井冲钴铜矿床硫化物、连云山花岗闪长岩和二云母二长花岗岩均位于造山带铅与上地壳铅演化线之间,且大多数靠近造山带演化线。但在 $(^{208}Pb/^{204}Pb)_t-(^{206}Pb/^{204}Pb)_t$ 图(图7-2 b)中,硫化物和花岗岩类均位于造山带铅与下地壳铅演化线之间。桃林铅锌矿床和三江成矿带夏塞银铅锌矿床也有类似Pb同位素组成特征,表明铅来源复杂(Li et al., 2020c;Shan et al., 2023)。但是,硫化物和花岗岩类Pb同位素组成间具有一致的线性演化关系(图7-2),表明了井冲钴铜矿床的形成与连云山复式岩体成因关系密切。一致的演化线也暗示成矿物质具有多来源特征(Li et al., 2020c;Shan et al., 2023)。前面锆石Hf同位素特征证实了连云山复式岩体主要由下地壳物质的部分熔融而成,但有部分地幔物质的加入。壳幔物质的混合导致了成岩成矿过程中复杂的成矿物质来源,He-Ar同位素结果(Wang et al., 2017)也佐证了这一观点。同时,成矿物质的壳幔混合岩浆来源也被同时代的桃林和栗山铅锌矿床(张鲲等,2017;Shan et al., 2023)所证实。

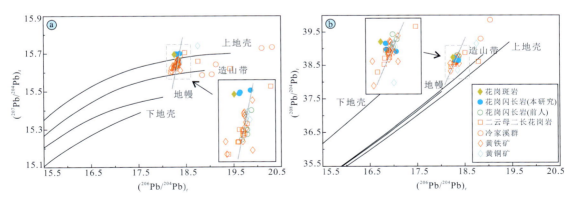

图7-2 连云山地区花岗岩、矿石和变质岩 $(^{206}Pb/^{204}Pb)_t-(^{207}Pb/^{204}Pb)_t$ (a)
和 $(^{206}Pb/^{204}Pb)_t-(^{208}Pb/^{204}Pb)_t$ (b)图解
(上地壳、造山带、下地壳和地幔Pb同位素据Zartman and Doe,1981)

第二节 矿床成因类型

井冲钴铜矿床成因已有多种观点,如与花岗岩有关的中温热液裂隙充填交代型矿床(易祖水等,2008,2010)、中温构造热液蚀变型矿床(王智琳等,2015a)、与连云山岩体相关的岩浆热液型钴铜矿床(Wang et al.,2017,2022;Peng et al.,2023)、热液充填交代型矿床(刘萌等,2018)和中高温热液交代型矿床(许德如等,2019)。这些观点均强调钴铜矿床的形成与岩浆热液有关,但具体的矿床成因类型还有待进一步确定。

一、成矿温度确定

井冲钴铜矿床不同成矿阶段石英中的流体包裹体以富液相为主。成矿第Ⅰ阶段流体包裹体均一温度为213~300℃,盐度为1.1~12.8 wt.%$NaCl_{eqv}$;第Ⅱ阶段均一温度为193~256℃,盐度为0.2~15.3 wt.%$NaCl_{eqv}$;第Ⅲ阶段均一温度为158~220℃,盐度为0.2~15.1 wt.%$NaCl_{eqv}$(周岳强和康博,2017)。本研究厘定钴铜硫化物成矿阶段石英中流体包裹体均一温度主要为134~305℃,盐度为0.35~11.7 wt.% $NaCl_{eqv}$,与周岳强和康博(2017)第Ⅱ阶段包裹体性质基本一致(表7-1),并经估算成矿深度为1.07~3.06 km。

表7-1 井冲钴铜矿床流体包裹体参数表

属性	数据	
形态	椭圆状、长条状	次圆状、椭圆状或不规则状
大小(μm)	5~45	3~30
气液比(%)	5~35	
均一温度(℃)	134~305	158~334
盐度(wt.%$NaCl_{eqv}$)	0.35~11.7	0.2~15.3
密度(g/cm^3)	0.80~0.99(平均0.91)	0.78~1.00(平均0.91)
压力(MPa)	10.7~30.6	
成矿深度(估算)(km)	1.07~3.06	
成分	$NaCl-H_2O$体系	
流体来源	岩浆热液和少量大气降水的混合	主要来自岩浆热液但晚期可能有大气降水的加入
资料来源	本研究	周岳强和康博(2017);Wang等(2017);刘萌等(2018)

依据 Nieto(1997)及 Battaglia(1999)、Zang 和 Fyfe(1995)的绿泥石地质温度计,Wang 等(2017)计算获得井冲矿床早期绿泥石的形成温度分别为 253~302℃(平均 275℃)和 256~318℃(平均 281℃),而晚期绿泥石形成温度分别为 250~302℃(平均 270℃)和 239~290℃(平均 256℃)。根据 Zang 和 Fyfe(1995)绿泥石地质温度计,刘萌等(2018)也获得早期绿泥石形成温度为 253~300℃(平均 276℃),晚期绿泥石形成温度为 223~266℃(平均 241℃)。此外,邹凤辉等(2016)和 Zou 等(2018)确定了横洞钴矿床主成矿阶段绿泥石形成温度为 280~347℃,均一温度为 226.6~365.4℃、盐度为 7.02~15.69 wt.% $NaCl_{eqv}$,晚阶段绿泥石形成温度为 114~284℃,均一温度为 149.9~234℃,盐度为 9.60~15.96 wt.% $NaCl_{eqv}$。横洞矿床这些温度和盐度特征比井冲钴铜矿床稍高。结合上述绿泥石形成温度、流体包裹体均一温度等数据(周岳强和康博,2017;Wang et al.,2017;刘萌等,2018 及本研究),可以确定井冲钴铜矿床为中温热液矿床,且具有早阶段到晚阶段成矿温度逐渐降低的趋势。

二、同位素地球化学制约

本次研究测定连云山花岗斑岩锆石 $^{206}Pb/^{238}U$ 下交点年龄为 131±1 Ma,精确厘定其形成于早白垩世。井冲钴铜矿床钴铜成矿阶段细粒黄铁矿 Rb-Sr 等时线年龄为 130±2 Ma,这一年龄结果与花岗斑岩成岩时代及横洞钴矿床成矿时代(蚀变白云母 Ar-Ar 年龄 130±1 Ma;Zou et al.,2018)一致,表明长-平断裂带中钴铜成矿可能与花岗斑岩或同时代的隐伏侵入岩关系密切。

主成矿阶段石英 H-O 同位素组成 δD_{H_2O} 为 -67.9‰~-64.1‰,$\delta^{18}O_{H_2O}$ 为 -1.4‰~1.0‰,指示成矿流体主要来源于岩浆流体,后期有少量大气降水加入。硫化物单矿物和微区 $\delta^{34}S$ 值为 -5.20‰~0.2‰,表明硫主要来源于岩浆。铅锌矿体中闪锌矿和黄铁矿微区 $\delta^{34}S$ 值(分别为 -3.0‰~-1.7‰和 -2.1‰~3.5‰)也显示为岩浆硫成因(Peng et al.,2023)。钴铜矿体中 PyⅡ和闪锌矿 $\delta^{34}S$ 值升高极可能是由于成矿过程中氧逸度降低及膏岩硫的加入所致。硫化物 He-Ar 同位素指示成矿流体来源于地壳,有少量幔源成分加入(Wang et al.,2017)。黄铁矿和黄铜矿 Pb 同位素组成与连云山复式岩体不同岩相全岩 Pb 同位素组成校正值一致,并具有一致的线性关系,表明钴铜矿床的成矿物质来源于花岗质岩浆。全岩 Sr-Nd-Pb 同位素和锆石微区 Hf 同位素揭示连云山复式岩体在伸展构造背景下由下地壳物质部分熔融形成但有幔源物质的加入。因此,精确的成岩成矿年龄及多元同位素示踪结果表明井冲钴铜矿床的形成与连云山复式花岗岩体具有密切的时间和成因联系。

三、黄铁矿微区矿物学证据

温度、压力、氧逸度(f_{O_2})和 pH 值等物理化学条件的改变会使黄铁矿中微量元素发生变化(Maslennikov et al.,2009;Deditius et al.,2014;Li et al.,2024)。受水岩反应和流体温度变化影响,不同成矿阶段黄铁矿微量元素组成也会发生变化(Deditius et al.,2014;Li et al.,2024)。Co、Ni、Se 和 Te 通常以类质同象形式进入黄铁矿晶格或以不可见或可见微粒矿物包裹体形式赋存于黄铁矿中(Thomas et al.,2011;Ciobanu et al.,2012;Reich et al.,2013;Li et al.,2023;Li et al.,2024)。

井冲钴铜矿床两个阶段中的黄铁矿(PyⅠ和PyⅡ)LA-ICPMS测试 Ni、Se 和 Te 剥蚀信号稳定,呈平滑曲线,无异常峰值,指示其类质同象赋存形式。Ni 主要替换黄铁矿晶格中 Fe,而 Se 和 Te 替换黄铁矿中 S。PyⅠ中 Co 主要以类质同象形式存在,而 PyⅡ中 Co 主要以微粒包裹体形式存在(详见第四章)。黄铁矿中 Ni 主要来自原始热液流体,可反映黄铁矿沉淀时流体性质(Zhao et al.,2011)。基性—超基性岩强烈富集 Ni 元素,含量为(2200 ± 500)$\times10^{-6}$(Plame et al.,2003),而长英质岩石中 Ni 元素相对亏损,含量为 $19\times10^{-6}\sim60\times10^{-6}$(Rudnick et al.,2003)。PyⅠ中 Ni 含量为 $2.41\times10^{-6}\sim38.8\times10^{-6}$(平均 15.1×10^{-6}),数据分布集中,甚至少量测点含量低于检测限。PyⅡ中 Ni 含量分布较为分散,含量为 $0.43\times10^{-6}\sim155\times10^{-6}$,平均 39.9×10^{-6},指示成矿流体的长英质岩浆(Rudnick et al.,2003)来源。

黄铁矿 Co/Ni 比值常被用于确定黄铁矿成因(Bajwah et al.,1987;Reich et al.,2016)。通常沉积黄铁矿 Co/Ni 比值小于1(平均0.63;Price,1972;Clark et al.,2004);岩浆成因黄铁矿中 Co/Ni 比值通常大于10(Bajwah et al.,1987);当 Co/Ni 比值大于1,尤其比值为1~5时,指示热液成因黄铁矿(Chen et al.,2020)。然而,使用 Co/Ni 比值表征成因类型仍会存在误差,如东昆仑地区那更康切尔超大型银矿床中黄铁矿的 Co/Ni 比值在成矿早阶段和晚阶段差别较大(Zhang et al.,2023)。因此,利用 Co/Ni 比值确定黄铁矿成因时应综合考虑黄铁矿矿物学特征和矿床成因类型(Bralia et al.,1979)。Li 等(2024)最新对夏塞矿床中银铅锌矿体不同空间部位的黄铁矿样品开展系统的微量元素分析,确定 Co、Ni 含量和 Co/Ni 比值存在较大差异。这种差异体现在采样位置与成矿岩体的空间距离方面,表明成矿温度、硫逸度和氧逸度等对微量元素的变化控制明显(Li et al.,2024)。剔除包裹体信号后井冲钴铜矿床 PyⅠ中 Co 含量为 $112.7\times10^{-6}\sim1947\times10^{-6}$,PyⅡ中 Co 含量为 $5.25\times10^{-6}\sim1024\times10^{-6}$,Co/Ni 比值为 $8.04\sim443.9$(图7-3),明显高于正常岩浆热液成因黄铁矿范围。但是,高 Co/Ni 比值可能与热液中 Co 含量有关(Bajwah et al.,1987)。PyⅠ和 PyⅡ中 Co 均明显较 Ni 富集,一般为1~2个数量级,高的 Co/Ni 比值可能由元素富集程度差异引起而非成因类型决定。此外,高的 Co/Ni 比值也可能与不同采样位置有关(Li et al.,2024),靠近成矿岩体部位的矿体中黄铁矿的 Co/Ni 值较高,远离岩体比值则降低。

Se/S 比值也被用于判断黄铁矿的成因(Sindeeva,1964;徐国风和邵洁涟,1980;Meng et al.,2018;Smith et al.,2021;Li et al.,2023;Li et al.,2024)。前人研究表明,沉积成因黄铁矿的 Se/S 比值为 $2\times10^{-6}\sim4\times10^{-6}$,而岩浆热液流体的 Se/S 比值为 $5\times10^{-5}\sim10\times10^{-5}$(徐国风和邵洁涟,1980;Smith et al.,2021)。井冲钴铜矿床中 PyⅠ和 PyⅡ的 Se/S 比值分别为 $0.24\times10^{-4}\sim2.54\times10^{-4}$ 和 $0.09\times10^{-4}\sim2.39\times10^{-4}$(表6-2),均与岩浆热液成因黄

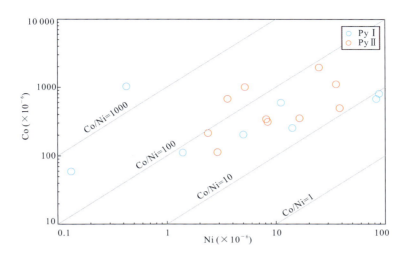

图 7-3 井冲钴铜矿床黄铁矿 Co-Ni 二元图

铁矿的 Se/S 比值接近,表明其为岩浆热液成因。这与前面论述及前人的硫化物 S-Pb-He-Ar 及 H-O 同位素确定的成矿流体和成矿物质的岩浆热液来源的观点一致。黄铁矿中 Se 和 Te 含量对氧化还原条件敏感,Se 含量与氧逸度呈正相关关系,但 Te 与氧逸度呈负相关关系(Large et al.,2017,2019)。Py I 中 Se 含量为 $12.65\times10^{-6}\sim135.6\times10^{-6}$,Te 含量为 $0.97\times10^{-6}\sim13.77\times10^{-6}$,Py II 中 Se 和 Te 含量分别为 $4.69\times10^{-6}\sim126.9\times10^{-6}$ 和 $1.55\times10^{-6}\sim11.36\times10^{-6}$(表6-2)。从 Py I 到 Py II,Se 含量降低但 Te 含量升高(图 6-2),指示随着成矿作用的进行氧逸度逐渐降低。

四、闪锌矿微区矿物学证据

温度和硫逸度(f_{S_2})等物理化学条件可影响闪锌矿的矿物成分(Belissont et al.,2016)。闪锌矿中的 Fe 含量被用作判断成矿流体温度和硫逸度的指针(Scott and Barnes,1971;Lusk and Calder,2004;Demir et al.,2013;Keith et al.,2014),因为闪锌矿中 Fe 的类质同象置换与温度的升高、氧逸度和硫逸度的降低有关(Lepetit et al.,2003;Keith et al.,2014)。一般情况下,高温热液(成矿温度为 300~500℃)形成的闪锌矿 Zn 含量(40~50 wt.%)较低,Fe 含量较高(10~20 wt.%);中温热液(200~300℃)成因的闪锌矿 Zn 和 Fe 含量分别为 50~60 wt.% 和 3~10 wt.%;低温热液(100~200℃)形成的闪锌矿具有高 Zn(含量为 60~67 wt.%)低 Fe(含量为 1~3 wt.%)特征(印修章和胡爱珍,2004)。电子探针测试获得井冲钴铜矿床中闪锌矿的 Zn 含量为 54.11~70.38 wt.%(平均 58.91 wt.%),Fe 含量为 0.04~9.41 wt.%(平均 5.86 wt.%),其成分与中低温成因的闪锌矿接近。Fe/Zn 比值为 0.001~0.170,根据 Keith 等(2014)提出的闪锌矿 Fe 温度计公式:$Fe/Zn_{sphalerite}=$

0.001 3（T）～0.295 3，计算获得井冲矿床中闪锌矿的形成温度为 227.7～358.9℃。闪锌矿 Fe 温度计计算结果较绿泥石温度计及流体包裹体测温结果（周岳强和康博，2017；Wang et al.，2017；刘萌等，2018 及本研究）稍高，但总体还是属于中温热液范畴。

温度也会影响闪锌矿中微量元素的含量及组合，高温热液流体中形成的闪锌矿相对富集 Fe、Mn、In 和 Se，Ga/In 比值一般低于 0.1；而中低温热液环境下形成的闪锌矿富集 Ga、Ge、Ag 和 Cd，Ga/In 比值一般大于 0.1（Cook et al.，2009；Ye et al.，2011；叶霖等，2012）。井冲钴铜矿床闪锌矿中 Ga 含量为 $1.31×10^{-6}$～$6.47×10^{-6}$，In 含量为 $0.23×10^{-6}$～$68.37×10^{-6}$，Ga/In 比值大多为 0.13～13.1（仅有 1 个测点比值为 0.08），应为中低温成因。

闪锌矿中微量元素含量及组合可以解释矿床成因类型（Cook et al.，2009；Ye et al.，2011）。热液脉型矿床中闪锌矿显著富集 Mn、Se 和 Sn[一般为几十个单位含量（$×10^{-6}$）]，Fe 含量较高，而 As、Cu、Ge 和 Cd 含量较低（Cook et al.，2009；金露英等，2015）。尽管未测试 Mn 含量，井冲钴铜矿床中的闪锌矿 Sn 和 Fe 含量较高，分别为 $0.51×10^{-6}$～$109.2×10^{-6}$（平均为 $29.0×10^{-6}$）和 $45\ 346×10^{-6}$～$89\ 810×10^{-6}$（平均为 $75417×10^{-6}$），但 Cd（$372×10^{-6}$～$548×10^{-6}$）与 Ge（$0.30×10^{-6}$～$1.21×10^{-6}$）含量较低，Cd/Fe 值为 0.005～0.009，与热液脉型矿床特征一致。微区微量元素也揭示该矿床铅锌矿体中的闪锌矿为岩浆热液成因（Peng et al.，2023）。

因此，根据闪锌矿主量和微量元素含量及组合，推断井冲钴铜矿床为中温热液脉型矿床。

五、成因类型

钴作为相容元素在地幔中较为富集，地幔高程度部分熔融形成的基性—超基性岩浆会富集钴（袁庆晗等，2023）。此外，Co 元素在硫化物熔体与基性岩浆之间的分配系数为 45（Patten et al.，2013），易强烈配分进入如镍黄铁矿、黄铜矿、黄铁矿和磁黄铁矿等硫化物熔体中。Williams-Jones 和 Vasyukova（2022）也通过模拟确定岩浆体系中钴会在硫化物熔体中异常富集，含量能超过 $2000×10^{-6}$，已达钴的工业品位。因此，由幔源岩浆形成的镁铁-超镁铁岩具有很大潜力作为钴的来源（苏本勋等，2023），甚至部分热液型钴矿床也被认为与镁铁-超镁铁质岩有关，如 Bou Azzer 矿床，被解释为后期高盐度热液使钴从蛇纹石化后的橄榄石、辉石中释放出来，进入热液硫化物而实现钴的富集（Lebedev et al.，2019）。我国云南兰坪盆地边缘的白秧坪热液型铜钴镍矿床成矿物质来源于含有基性火山岩的盆地基底变质岩系（刘家军等，2010）或隐伏基性—超基性岩（冯彩霞等，2011）。

花岗质岩浆中的钴含量较低（约 $2.4×10^{-6}$）（Taylor and McLennan，1995），即使全部转移至成矿物质中也需要富集 80 倍才可达到钴矿化的最低工业品位。中酸性岩浆热液出溶不能富集钴元素（Williams-Jones and Vasyukova，2022）。但是，西藏冈底斯带中的与花岗闪长岩有关的普桑果 Co-Cu-Pb-Zn 矿床（Li et al.，2020a）、陕西煎茶岭 Ni-Co 矿床（代军治等，2014；Jiang and Zhu，2017）和内蒙古嘎仙 Ni-Co 矿床（王玉往等，2016；李德东等，2018）

等被认为与中酸性岩浆有关。薛步高(1995,1996)甚至认为含钴矿床中的 As-Co 组合矿床与中酸性岩浆有关。显然,中酸性岩浆活动也可形成热液型钴矿床,只是深部幔源岩浆对钴富集成矿的贡献不可忽视。黑龙江与闪长玢岩和花岗斑岩有关的金厂斑岩型铜金矿床存在明显的钴矿化,已发现独立的硫镍钴矿和辉砷钴矿等钴矿物,He-Ar 同位素等研究指示成矿物质来自壳幔混合成因岩浆,地幔岩浆对成矿物质有明显的贡献(曹明坚等,2022;单鹏飞等,2023)。梁贤等也认为长江中下游成矿带朱冲矽卡岩型铁矿床岩浆热液与钴矿化关系密切,岩体源区显示有地幔组分的加入,且蚀变闪长岩钴含量达到 21.25×10^{-6},具有提供成矿物质的潜力(梁贤等,2023)。

前人认为长-平断裂带中钴铜矿床的金属钴主要由深源热液流体从新元古代或更老的结晶基底中活化萃取,并沿北东向走滑断裂运移沉淀形成(王智琳等,2020,2023),理由主要为连云山花岗岩的钴含量低($0.93\times10^{-6}\sim3.81\times10^{-6}$;许德如等,2009),但由变沉积岩和中—基性火山岩组成的结晶基底具有高的 Co 含量($30.4\times10^{-6}\sim72.3\times10^{-6}$;贾宝华和彭和求,2005)。但是,该认识仍存在两方面的缺陷。一是缺少精确的成矿时代的对比,因为这些钴铜矿床的形成时代为 $130\sim125$ Ma(Zou et al.,2018 及本研究),明显较连云山岩体的花岗闪长岩和二长花岗岩(约 150 Ma)年轻,成矿与晚期岩浆活动有关。而且岩石 Co 含量也是成矿后的状态反应,并不代表成矿前岩浆的化学成分,其含量与成矿无直接成因关系。二是变质基底中的高 Co 含量如何被萃取进入热液系统。尽管基底岩石中含水硅酸盐、蒸发岩等的淋滤或流体包裹体的泄漏可释放 Cl、Br 等金属络合物所需的阴离子,且高的盐度可以增加 Pb、Zn、Cu、Co 等金属的溶解度(Migdisov et al.,2011;Burisch et al.,2016)从而使结晶基底能为热液成矿提供金属来源(王智琳等,2023)。但流体包裹体测试获得井冲钴铜矿床成矿流体为中低盐度($0.35\sim11.7$ wt.%$NaCl_{eqv}$),并不符合 Migdisov 等(2011)要求的高盐度要求。Co 等成矿元素从固态变质基底中活化迁移仍缺少证据,且多元同位素并不支持井冲钴铜矿床成矿物质的地层来源观点。

井冲钴铜矿床钴铜矿体硫化物微量元素和 S 同位素研究表明其为岩浆热液成因(Wang et al.,2022),金塘钴矿床也被确定为岩浆热液成因(Gan et al.,2023)。宁钧陶等(2023)认为该断裂带中金塘、井冲和横洞等主要钴矿床均为岩浆热液成因,3 个矿床中钴镍含量及赋存状态的差异可能与成矿流体是由西南向北东运移有关,且导致成矿元素在流体中的含量逐渐降低。因此,井冲钴铜矿床成因类型应为与早白垩世花岗质岩浆活动相关的热液脉型矿床。只是 Co 等成矿元素极有可能来源含变质中—基性火山岩的新元古界冷家溪群甚至更老的连云山群的熔融而成的花岗质岩浆,也可能来源于成岩过程中加入的地幔成分。这一成矿物质的壳幔混合来源观点也得到了前人对湘东北地区早白垩世钴铜铅锌等矿床的 S-Pb 同位素结果佐证(张鲲等,2015;陕亮等,2019b)。

第三节 富集机制

前人对长-平断裂带中的井冲、横洞和金塘等钴矿床的富集机制仍存在不同的观点。如 Zou 等(2018)认为横洞钴矿床的成矿流体和 Co 元素来源于古元古代—新太古代的连云山杂岩中的变基性岩和火山岩,矿床的形成与断裂活动中循环压力释放引起的流体不混溶作用有关;Wang 等(2017)和王智琳等(2020,2023)则认为是成矿温度的降低及大气降水的加入,流体不混溶作用导致含从基底中活化萃取的成矿元素的流体发生沉淀并在有利的构造部位沉淀富集成矿。随后他们又认为控制井冲钴铜矿床 Co 沉淀的关键因素为温度降低、硫逸度和氧逸度的升高(Wang et al.,2022)。而金塘钴矿床由盐度和氧逸度的降低导致成矿元素的分异和沉淀(Gan et al.,2023)。但 Peng 等(2023)认为井冲矿床中钴铜和铅锌矿体的形成除了温度等物理化学条件的改变外,热液流体中成矿元素的溶解度大小不同导致了矿化分带。宁钧陶等(2023)指出长-平断裂带中的钴铜矿床的形成与成矿流体的运移方向(由西南向北东运移)、pH 值和硫逸度有关。但是,钴在井冲矿床所在的岩浆热液体系中如何迁移富集及沉淀还不清楚。

EPMA 电子探针扫面显示黄铁矿明暗分区 Co、Fe 和 S 元素含量存在显著差异,明亮区域(PyⅢ-1)与相对较暗(PyⅢ-2)边界上观察到尖锐的反应峰,表现为 PyⅢ-2 中接触界面 Co 和 As 含量急剧增高,并向外边界逐渐降低(Wang et al.,2022)。Wang 等(2022)也通过 BSE 图像发现井冲钴铜矿床热液成矿期细粒黄铁矿和毒砂均出现不平衡结构,存在明显明暗差异。这种不平衡结构可由固态扩散(Geisler et al.,2003)和流体-围岩/矿物反应(Putnis,2002;Putnis et al.,2005;Altree-Williams et al.,2015)形成,由于固态扩散会形成渐变的结构和元素浓度梯度(Geisler et al.,2003)。但本研究团队同样也发现了井冲矿床中辉砷钴矿与黄铁矿间截然界面(图7-4),这与 Wang 等(2022)报道的黄铁矿和钴矿物边界急剧变化一致,这些现象表明该矿床这种不平衡结构明显不是由固态扩散作用形成。基于截然的反应界面和黄铁矿中细裂纹、微孔隙(溶质进出反应前沿的途径)等现象指示这种不平衡结构由溶解-再沉淀作用形成(陕亮等,2022;Wang et al.,2022)。

EPMA 扫面从微观角度揭示了黄铁矿和辉砷钴矿间发育锯齿状、港湾状边界,甚至部分辉砷钴矿颗粒包含有黄铁矿残留颗粒且保留了黄铁矿晶形(图7-4)。Wang 等(2022)也发现了该矿床中发育并保留了黄铁矿晶体形态的钴矿物。这些现象与典型硫化物溶解过程会因为速度差异产生锯齿状、港湾状边界(Borg et al.,2014;Wu et al.,2018,2019,2021)等现象一致,显示井冲钴铜矿床中 Co 沉淀过程中发生了黄铁矿的溶解-再沉淀作用。LA-ICPMS 微量元素分析揭示,从 PyⅠ至 PyⅡ,Co 含量由 $112.7×10^{-6}$~$1947×10^{-6}$(平均 $647.3×10^{-6}$)降至 $5.25×10^{-6}$~$1024×10^{-6}$(平均 $250.6×10^{-6}$),As 含量也由 $173×10^{-6}$~$44\ 570×10^{-6}$(平均为 $9\ 584×10^{-6}$)降至 $17.8×10^{-6}$~$2982×10^{-6}$(平均为 $893×10^{-6}$)

(图 6-2)。从石英-粗粒黄铁矿阶段至 Co-Cu 硫化物阶段成矿流体中的 Co 和 As 含量明显降低。当 PyⅠ溶解速度快于反应前沿流体与成矿流体间元素浓度平衡时,微裂隙、微孔隙等部位(Brog et al.,2014)在适宜的物理化学条件下会形成局部超高 As 和 Co 元素的稳定产物,即辉砷钴矿。辉砷钴矿往往与 PyⅡ和闪锌矿、黄铜矿等硫化物共生或以微包裹体形式赋存于 PyⅡ中(图 3-7 d,f,l)。

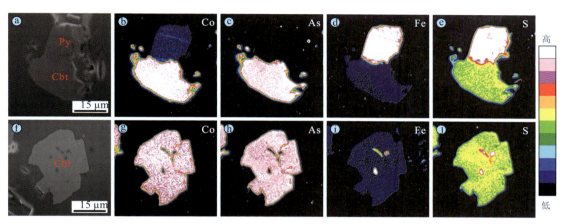

图 7-4　辉砷钴矿和黄铁矿 BSE 图像(a,f)和 Co、As、Fe、S 元素 EPMA 面扫描特征

矿物编号:Cbt. 辉砷钴矿;Py. 黄铁矿

Williams-Jones 和 Vasyukova(2022)和 Vasyukova 和 Williams-Jones(2022)研究认为在热液条件下,钴主要以 $CoCl_4^{2-}$ 形式运移,并一般以硫化物形式沉淀(As 活性高或氧逸度极低情况除外)。控制 Co 矿沉淀的主要因素是氧逸度和 pH 值,在低温(<150℃)条件下,氧逸度的降低是主导因素;而在较高温度(>150℃)条件下,Co 沉淀作用主要受控于 pH 值的升高,低的硫逸度对 Co 沉淀起次要作用(Vasyukova and Williams-Jones,2022;Williams-Jones and Vasyukova,2022)。同时,当热液中 As 活性较高时,Co 的硫化物会被硫砷化物或砷化物取代(Vasyukova and Williams-Jones,2022;Williams-Jones and Vasyukova,2022)。这是因为在氧逸度较低时,Co 的砷化物比硫化物稳定性更强,且随着 As/S 比值增加,Co 砷化物会逐渐取代硫化物。前文已指出,黄铁矿 Se 和 Te 含量及硫化物微区 S 同位素组成的变化表明井冲钴铜矿床形成过程中氧逸度降低,而且均一温度的降低也有利于 As 元素活性的增强,进而共同促进了 Co 的硫砷化物或砷化物形成。此外,长-平断裂带中从西南的金塘至北东横洞矿床 Ni 含量降低,这也反映了 pH 值的降低(宁钧陶等,2023)。这是因为随着 pH 值的升高,流体中的 $NiCl^+$ 络合物稳定性比 $CoCl^+$ 低,从而导致 Ni 优先失稳发生沉淀(Markl et al.,2016;Scharrer et al.,2019;Guilcher et al.,2021)。

基于上述论述,本研究提出井冲钴铜矿床成矿元素钴沉淀经历了两个阶段,具体如下。

第一阶段:Co 主要以类质同象形式、少量以钴硫化物微包裹体形式包裹于 PyⅠ中,该阶段未形成独立钴矿物。

第二阶段：PyⅠ被主成矿阶段流体交代发生了溶解-再沉淀作用，部分 PyⅠ中富含的 Co 和 As 被溶解释放至成矿热液中。受大气降水加入的影响引起成矿温度降低和氧逸度降低，含矿热液中 As 活性升高，成矿流体中钴硫化物稳定性降低并被硫砷化物取代。Co 以硫砷化物（辉砷钴矿）形式富集沉淀，形成独立钴矿物。同时，部分 Co 以微包裹体形式或以类质同象形式赋存于 PyⅡ中。电子探针面扫描结果显示部分 PyⅡ中不含 As（图 7-4），以及黄铁矿 LA-ICPMS Co 和 As 元素剥蚀信号曲线包裹体信号变化趋势不一致，佐证了该模式的准确性。

第四节　成矿模式

基于成岩成矿作用的时空关系、成矿流体及物质来源和构造背景，本研究建立了井冲钴铜矿床的成矿模式（图 7-5）。

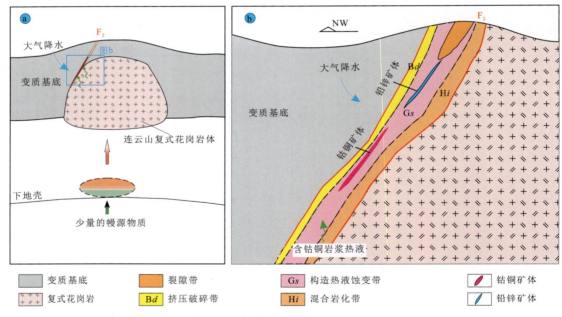

图 7-5　井冲钴铜矿床成矿模式图

早侏罗世，受古特提斯洋闭合引发陆陆碰撞及伸展背景转变为古太平洋板块幕式俯冲环境的影响，江南造山带中段湘东北地区发生北北东向的长-平断裂带左行-走滑-挤压剪切作用，在长-平断裂带主干断裂 F_2 下盘、连云山岩体及冷家溪群（Pt_3ln）变质岩接触边界，形成构造挤压破碎带。

晚侏罗世(约 150 Ma),受古太平洋板块回撤影响,俯冲板片断裂下沉,华南板块发生了强烈地壳伸展和岩石圈减薄作用(Lin et al.,2008;张岳桥等,2012)。湘东北地区构造应力由挤压转化为伸展,长-平断裂带由走滑-挤压剪切转变为走滑-拉伸作用(Ji et al.,2017)。深部岩浆沿着伸展构造上涌,形成大面积 S 型花岗岩,包括连云山复式岩体中的花岗闪长岩和二云母二长花岗岩。

早白垩世早期(约 131 Ma),随着古太平洋板块继续后撤,区域构造压力进一步释放。湘东北地区深部岩浆沿着断裂带构造薄弱部位上涌,形成桃林、栗山、虎形山等花岗岩体(Xu et al.,2020;Xu et al.,2022;Shan et al.,2023)及本研究厘定的连云山复式岩体中的花岗斑岩脉等。花岗斑岩脉或地球化学特征相似的同时代深部可能存在的隐伏花岗岩体在岩浆演化后期分异出富含 Co-Cu 等成矿元素的岩浆热液流体,向旁侧或上部压力小的构造破碎带运移。当含矿热液运移至有利赋矿位置,如层间剪切带、层间构造裂隙群时,流体从一个封闭体系进入到相对开放体系中,加之大气降水的加入,使得成矿流体温度和盐度不断降低。物理化学条件改变使 PyⅠ、毒砂和磁黄铁矿等矿物逐渐形成。此阶段,Co 主要以类质同象形式替换 PyⅠ晶格中 Fe^{2+},少部分以硫化物微包裹体形式包裹于 PyⅠ中。随着成矿作用的进行,钴铜硫化物阶段流体中氧逸度降低导致 S 同位素升高,PyⅠ被成矿流体交代发生了溶解-再沉淀作用,部分 PyⅠ中富含的 Co 和 As 被溶解并释放至成矿热液中。同时温度进一步降低促使含矿热液中 As 活性升高,Co 的硫化物稳定性降低并逐渐被硫砷化物取代,以辉砷钴矿形式与 PyⅡ和闪锌矿、黄铜矿等硫化物共生或以微包裹体形式赋存于 PyⅡ中。同时,成矿流体与围岩发生水岩反应,形成硅化、绿泥石化和绢云母化等蚀变。石英-碳酸盐阶段主要形成细脉状石英和方解石,标志着热液成矿作用的结束。

第五节 勘查指示

一、成矿要素

岩浆热液脉型矿床是重要矿床类型之一,其形成于岩浆期后热液活动时期,大多产于岩浆岩体内及其附近的硅铝质沉积岩或变质岩系构造中,矿床受成矿岩体和构造控制明显。井冲矿床是典型的岩浆热液脉型钴铜矿床,其关键成矿要素为成矿岩体和附近的北东向断裂构造。

1. 花岗质侵入体是必要的先决条件

井冲钴铜矿床的形成与连云山复式岩体岩浆活动具有密切的时空和成因联系。钴铜矿与花岗斑岩脉或地球化学特征相似的同时代深部可能存在的隐伏花岗岩体有关,两者具有一致的年龄。黄铁矿和闪锌矿微量元素研究表明井冲钴铜矿床为岩浆热液矿床。H-O-He-

Ar 同位素特征指示成矿流体主要来源于岩浆,并有部分大气降水加入,S-Pb 同位素示踪也确定成矿物质来源于岩浆。岩浆侵入活动不仅为矿床形成提供了丰富的成矿流体和物质来源,还为富矿流体的运移提供温度、氧逸度和硫逸度等成矿物理化学条件。早白垩世(约131 Ma),在伸展背景下,深部岩浆沿着断裂带构造薄弱部位上涌,形成花岗斑岩脉或同时代的隐伏花岗岩体,岩浆演化后期分异出富含 Co-Cu-Pb-Zn 等成矿元素的热液流体,向旁侧或上部压力小的构造破碎带运移。当含矿热液运移至有利赋矿位置,物理化学条件的改变,使热液中成矿元素逐渐沉淀成矿。因此,连云山复式岩体中早白垩世岩相为井冲钴铜矿床的形成提供了先决条件。

2. 北东向长-平断裂带是必要的控岩控矿构造

构造因素是控制矿床及有关的侵入体形成和分布的重要因素之一。北东向长-平断裂带控制了连云山岩体的形成,使其沿北东向展布。另外,井冲钴铜矿床中矿体的产出严格受北东向长-平断裂带控制,主要体现在两个方面:一是作为导矿构造,贯通性良好的断裂构造将深部富矿热液导致地壳浅部,起到热液运移通道的作用;二是容矿构造,赋矿热液沿导矿构造运移至长-平断裂带主干断裂与次级断裂交会处,成矿流体进入相对开放体系,温度、氧逸度等物理化学条件改变使成矿物质富集沉淀,起到容矿空间的作用。井冲钴铜矿床中矿体具有明显分带性,铅锌矿体主要赋存于长-平断裂带主干断裂下盘热液蚀变构造角砾岩带中上部,而钴铜矿体赋存于热液蚀变构造角砾岩中下部。长-平断裂带对钴铜矿体的空间控制关系明显,其间强烈的绿泥石化和硅化等蚀变现象同时也是重要的钴铜矿床找矿标志。

二、地质找矿标志

通过对井冲钴铜矿床地质特征、钴赋存状态、成矿年代学及地球化学特征、矿床成因和成矿模式等研究,结合区域地质背景和同类型矿床产出特征,本研究总结了湘东北地区岩浆热液脉型钴铜矿床的地质找矿标志。具体如下:

1. 矿产露头

矿产露头是最重要、最直接的找矿标志。井冲钴铜矿床垂直分带特征显著,铅锌矿体赋存于热液蚀变构造角砾岩带上部,而钴铜矿体产于中下部。根据垂直分带特征,地表铅锌矿体露头对深部钴铜矿找矿具有指示作用。

2. 围岩蚀变

井冲钴铜矿床赋存于长-平断裂带主干断裂下盘热液蚀变构造角砾岩带中,石英-粗粒黄铁矿阶段和钴铜硫化物阶段均发育强烈的绿泥石化和硅化。因此,与成矿有关的绿泥石化和硅化也是重要的地质找矿标志。

3. 矿物学标志

辉砷钴矿是井冲钴铜矿床 Co 主要赋存形式。不同产状的黄铁矿是 Co 次要赋存矿物，其中 PyⅠ中 Co 主要以类质同象形式存在，而 PyⅡ中主要为微粒包裹体。因此，辉砷钴矿和黄铁矿是重要的矿物学标志。

4. 热液蚀变构造角砾岩带

长-平断裂带主干断裂下盘热液蚀变构造角砾岩带是钴铜矿体主要赋存部位，其间也发育强烈的绿泥石化和硅化。因此，该构造角砾岩带是井冲钴铜矿找矿间接标志。

第八章 结论及创新点

第一节 结 论

1. 矿床地质特征及 Co 赋存状态

井冲钴铜矿床中的矿体赋存于长-平断裂带下盘热液蚀变构造角砾岩带中。矿石矿物主要为黄铁矿、黄铜矿和辉砷钴矿及少量闪锌矿、方铅矿和斑铜矿等。围岩蚀变以硅化、绿泥石化为主,次为碳酸盐化和绢云母化。井冲钴铜矿床热液成矿过程分为 3 个成矿阶段,即石英-粗粒黄铁矿阶段、钴铜硫化物阶段和石英-碳酸盐阶段。

井冲钴铜矿床中辉砷钴矿形成于钴铜硫化物阶段,与细粒黄铁矿(PyⅡ)、黄铜矿、毒砂等矿物密切共生。EPMA 电子探针数据显示细粒黄铁矿 Co 与 Fe 含量无明显相关关系。EPMA 扫面及 LA-ICPMS 微量元素剥蚀信号曲线也揭示微粒辉砷钴矿存在。结合野外及手标本中发现的辉砷钴矿,指示 Co 主要以细粒辉砷钴矿形式富集,另有少量以类质同象形式和微粒状包裹体赋存于细粒黄铁矿中。

2. 晚侏罗世—早白垩世成岩事件厘定及岩石成因

利用 LA-ICPMS 锆石 U-Pb 法厘定了连云山黑云母花岗闪长岩和花岗斑岩成岩年龄分别为 150 ± 1 Ma 和 131 ± 1 Ma。连云山黑云母花岗闪长岩和花岗斑岩均具有高 SiO_2 和 Al_2O_3、富碱低 MgO 特征,属于弱—强过铝质钙碱性—高钾钙碱性岩系。样品富集 Rb、Th、U 和 Pb 等元素,亏损 Sr、Nb、Ta、Zr、Hf、P 和 Ti 等元素。同时,复式岩体均富集轻稀土亏损重稀土,稀土元素球粒陨石图呈右倾配分曲线。黑云母花岗闪长岩具有显著负 Eu 异常,Eu/Eu^* 值为 $0.59\sim0.82$,而花岗斑岩 Eu/Eu^* 值为 1.38,呈现出弱正 Eu 异常特征。连云山复式岩体地球化学特征与湘东北地区同时代花岗岩类似,为 S 型花岗岩。复式岩体 CaO/Na_2O 比值均大于 0.3,指示主要由碎屑岩部分熔融而成。

花岗闪长岩 $\varepsilon_{Nd}(t)$ 值为 $-10.50\sim-9.82$,$T_{2DM}(t)$ 值为 $1.8\sim1.7$ Ga,花岗斑岩 $\varepsilon_{Nd}(t)$ 和 $T_{2DM}(t)$ 值分别为 $-10.72\sim-10.53$ 和 $1.8\sim1.7$ Ga,两者主体均为华夏地区地壳基底物质重熔而成。花岗闪长岩晚侏罗世锆石 $^{176}Hf/^{177}Hf$ 比值 $0.282\,369\sim0.282\,424$,$\varepsilon_{Hf}(t)$ 值为

$-15.9\sim0.1$,二阶段 Hf 模式年龄 T_{DM2} 为 $1772\sim992$ Ma,而花岗斑岩锆石 $^{176}Hf/^{177}Hf=0.282369\sim0.282424$,$\varepsilon_{Hf}(t)=-11.4\sim-9.6$,$T_{DM2}=1562\sim1467$ Ma,表明主要由冷家溪群部分熔融而成,且可能有部分幔源物质加入。区域沉积学、构造分析和岩石地球化学等研究表明连云山岩体形成于伸展构造背景。

3. 成矿微区地球化学特征

井冲钴铜矿床 PyⅠ、PyⅡ、黄铜矿和闪锌矿 $\delta^{34}S$ 值分别为 $-5.20‰\sim-0.32‰$、$-4.37‰\sim-1.00‰$、$-4.68‰\sim-1.87‰$ 和 $-2.19‰\sim-1.22‰$。这些 S 同位素组成与岩浆 S 同位素组成一致,主要来源于岩浆。硫化物的 S 同位素组成呈现 $\delta^{34}S_{Sp}>\delta^{34}S_{PyⅡ}>\delta^{34}S_{PyⅠ}>\delta^{34}S_{Ccp}$ 现象,随着矿物沉淀呈现出先升高后降低的趋势,是由成矿过程中氧逸度降低所致。硫化物和连云山复式岩体不同岩相具有相似的 Pb 同位素组成及一致的演化曲线,显示成岩成矿作用成因关系密切,且岩浆由壳幔物质混合而成。PyⅠ中 Ni 含量为 $2.41\times10^{-6}\sim38.8\times10^{-6}$,Co 含量为 $112.7\times10^{-6}\sim1947\times10^{-6}$,PyⅡ中 Ni 和 Co 含量分别为 $0.43\times10^{-6}\sim155\times10^{-6}$ 和 $5.25\times10^{-6}\sim1024\times10^{-6}$,显示黄铁矿中 Co 降低但 Ni 升高。两个阶段黄铁矿 Co/Ni 比值为 $8.04\sim443.9$,仍属于岩浆热液成因,高的 Co/Ni 比值可能与采样位置有关。闪锌矿 Fe($45346\times10^{-6}\sim89809\times10^{-6}$)含量较高而 Cd($372.2\times10^{-6}\sim548.4\times10^{-6}$)含量低,Cd/Fe 值为 $0.005\sim0.009$。Ga 和 In 含量分别为 $1.31\times10^{-6}\sim6.47\times10^{-6}$ 和 $0.23\times10^{-6}\sim68.37\times10^{-6}$,Ga/In 比值为 $0.13\sim13.2$,指示为中温岩浆热液成因。井冲钴铜矿床为与早白垩世花岗质岩浆活动相关的热液脉型矿床。

4. 成岩成矿作用关系及成矿模式

井冲钴铜矿床黄铁矿 Rb-Sr 等时线年龄为 130 ± 2 Ma,与本研究厘定的花岗斑岩成岩时代在误差范围内基本一致。S-Pb 同位素组成揭示成矿物质来源于同时代的岩浆活动。这些地球化学研究成果确定井冲钴铜矿床与花岗斑岩或同时代相似地球化学特征的隐伏花岗岩体具有密切成因联系,这一结论也被 H-O-He-Ar 同位素结果佐证。根据黄铁矿 LA-ICPMS 微量元素和 S 同位素特征,提出 Co 沉淀经历了两个阶段:第一阶段 Co 主要以类质同象形式、少量以钴硫化物微包裹体形式包裹于 PyⅠ中;第二阶段 PyⅠ被成矿流体交代发生了溶解-再沉淀作用,钴硫化物被硫砷化物取代,Co 以硫砷化物形式富集沉淀,形成独立钴矿物-辉砷钴矿。部分 Co 以微包裹体形式或以类质同象形式进入 PyⅡ中。

早白垩世(约 131 Ma),随古太平洋板块继续回撤,湘东北地区深部岩浆沿着伸展构造上涌,形成花岗斑岩脉。花岗斑岩在演化后期分异出富含 Co-Cu-Pb-Zn 等成矿热液流体运移至有利赋矿位置,物理化学条件改变使石英-粗粒黄铁矿阶段 PyⅠ和磁黄铁矿等矿物逐渐形成。钴铜硫化物阶段流体中氧逸度降低导致 S 同位素升高,PyⅠ被成矿流体交代发生了溶解-再沉淀作用,同时温度进一步降低促使含矿热液中 As 活性升高,Co 以辉砷钴矿形式与 PyⅡ和闪锌矿、黄铜矿等硫化物共生或以微包裹体形式赋存于 PyⅡ中。石英-碳酸盐阶段,主要形成细脉状的石英和方解石,标志着热液成矿作用的结束。

5. 成矿要素及地质找矿标志

井冲钴铜矿床与花岗斑岩脉或地球化学特征相似的同时代深部可能的隐伏花岗岩体有关。早白垩世岩浆活动是钴铜矿床形成的先决条件。同时长-平断裂带及次级断裂是主要控岩控矿构造,控制了矿体的就位及展布规律。提出地表铅锌矿体露头、与成矿有关的硅化和绿泥石化、辉砷钴矿和黄铁矿等矿物特征、长-平断裂带主干断裂下盘热液构造角砾岩带是钴铜矿床重要的地质找矿标志。

第二节 创新点

（1）利用 LA-ICPMS 锆石 U-Pb 法首次精确厘定花岗斑岩成岩时代为早白垩世（约 131 Ma）。

（2）以野外地质调查发现的辉砷钴矿为切入点开展 TIMA 集成矿物分析、EDS 能谱分析、EPMA 电子探针分析及扫面、黄铁矿 LA-ICPMS 微区微量元素分析,提出 Co 主要以细粒辉砷钴矿及微粒包裹体形式富集,另有少量以类质同象或微粒包裹体形式赋存于细粒黄铁矿中。

（3）提出井冲钴铜矿床 Co 沉淀经历两个阶段:第一阶段 Co 主要以类质同象形式、少量以钴硫化物微包裹体形式包裹于 PyⅠ中;第二阶段 PyⅠ经历溶解-再沉淀过程,Co 以硫砷化物形式富集沉淀,形成辉砷钴矿。部分 Co 以微包裹体或以类质同象形式赋存于 PyⅡ中。

主要参考文献

曹明坚,单鹏飞,秦克章,2022.富钴斑岩型金铜矿床地质特征及存在问题:以黑龙江金厂矿床为例[J].科学通报,67(31):3708-3723.

陈剑锋,黄建中,文春华,等,2023.浅论湘东北地区与燕山期花岗岩有关矿床的成矿系列与找矿方向[J].地球学报,44(5):815-833.

陈廷愚,亓绍玫,1986.攀枝花钒钛磁铁矿伴生有用元素概况[M].北京:地质出版社.

代军治,陈荔湘,石小峰,等,2014.陕西略阳煎茶岭镍矿床酸性侵入岩形成时代及成矿意义[J].地质学报,88(10):1861-1873.

董国军,许德如,王力,等,2008.湘东地区金矿床矿化年龄的测定及含矿流体来源的示踪:兼论矿床成因类型[J].大地构造与成矿学,32(4):482-491.

段政,邢光福,廖圣兵,等,2019.江南造山带东段新元古代九岭复式岩体锆石 U-Pb 年代学及构造意义[J].中国地质,46(3):493-516.

丰成友,张德全,党兴彦,等,2004.中国钴资源及其开发利用概况[J].矿床地质,23(1):93-100.

冯彩霞,毕献武,胡瑞忠,等,2011.兰坪盆地白秧坪 Cu-Pb-Zn-Ag 多金属矿集区元素共生分异机制及物质来源[J].岩石学报,27(9):2609-2624.

高林志,丁孝忠,曹茜,等,2010.中国晚前寒武纪年表和年代地层序列[J].中国地质,37(4):1014-1020.

高林志,丁孝忠,庞维华,等,2011.湘东北前寒武纪仓溪岩群变凝灰岩 SHRIMP 锆石 U-Pb 年龄[J].地质通报,30(10):1479-1484.

顾鹏,钟玲,张国栋,等,2018.华南埃迪卡拉(震旦)系顶部地层划分及与寒武系界线 FAD 分子的选择[J].地质学报,92(3):449-465.

郭飞,王智琳,许德如,等,2018.湘东北地区栗山铅锌铜多金属矿床的成因探讨:来自矿床地质、矿物学和硫同位素的证据[J].南京大学学报(自然科学),54(2):366-385.

郭乐群,唐晓珊,彭和求,2003.湘北古元古代连云山杂岩初步研究[J].湖南地质,22(2):90-95.

胡俊良,陈娇霞,徐德明,等,2017.湘东北七宝山铜多金属矿床成矿时代及成矿物质来源:石英脉 Rb-Sr 定年和 S-Pb 同位素组成[J].地质通报,36(5):857-866.

湖南省地质矿产勘查开发局四〇二队,2008.湖南省浏阳市井冲矿区潭岭钴铜多金属详查报告[R].长沙:湖南省地质矿产勘查开发局四〇二队.

贾宝华,彭和求,2005.湘东北前寒武纪地质与成矿[M].北京:地质出版社.

姜鹏飞,李鹏,李建康,等,2021.幕阜山东部麦垴铍矿床伟晶岩锆石 U-Pb 年龄、Hf 同位素组成及其地质意义[J].矿床地质,40(4):723-739.

金露英,秦克章,李光明,等,2015.大兴安岭北段岔路口斑岩 Mo-热液脉状 Zn-Pb 成矿系统硫化物微量元素的分布、起源及其勘探指示[J].岩石学报,31(8):2417-2434.

李建华,张岳桥,董树文,等,2015.湘东宏夏桥和板杉铺岩体 LA-MC-ICPMS 锆石 U-Pb 年龄及地质意义[J].地球学报,36(2):187-196.

李安邦,黄勤,冯超,等,2021.幕阜山复式花岗岩体锆石年代与微量元素对伟晶岩矿床成因的限定[J].地球科学,46(12):4517-4532.

李德东,王玉往,石煜,等,2018.内蒙古嘎仙镍钴矿区岩浆作用与成矿[J].矿床地质,37(5):893-916.

李鹏,周芳春,李建康,等,2020.湘东北仁里—传梓源铌钽矿床隐伏花岗岩锆石 U-Pb 年龄、Hf 同位素特征及其地质意义[J].大地构造与成矿学,44(3):486-500.

李鹏春,许德如,陈广浩,等,2005.湘东北金井地区花岗岩成因及地球动力学暗示:岩石学、地球化学和 Sr-Nd 同位素制约[J].岩石学报,21(3):921-934.

李艳军,魏俊浩,张文胜,等,2021.幕阜山复式岩基西北缘新发现微斜长石伟晶岩型铌钽矿化[J].地质科技通报,40(2):208-210.

梁贤,汪方跃,周涛发,等,2023.长江中下游成矿带朱冲富钴矽卡岩型铁矿床的钴成矿机制:来自原位硫同位素和锆石 U-Pb 年龄的约束[J].岩石学报,39(10):3015-3030.

刘斌,1987.利用流体包裹体及其主矿物共生平衡的热力学方程计算形成温度和压力[J].中国科学:化学,17(3):303-310.

刘姤群,金维群,张录秀,等,2001.湘东北斑岩型和热液脉型铜矿成矿物质来源探讨[J].华南地质与矿产,17(1):40-47.

刘海臣,朱炳泉,1994.湘西板溪群及冷家溪群的时代研究[J].科学通报,39(2):148-150.

刘家军,翟德高,李志明,等,2010.兰坪盆地白秧坪银铜多金属矿集区中银、钴、铋、镍的赋存状态与成因意义[J].岩石学报,26(6):1646-1660.

刘亮明,彭省临,吴延之,1999.湘东北地区脉型金矿床的活化转移[J].中南工业大学学报(自然科学版),30(1):4-7.

刘萌,王智琳,许德如,等,2018.湖南井冲钴铜多金属矿床绿泥石、黄铁矿和黄铜矿的矿物学特征及其成矿指示意义[J].大地构造与成矿学,42(5):862-879.

刘翔,周芳春,李鹏,等,2019.湖南仁里稀有金属矿田地质特征、成矿时代及其找矿意义[J].矿床地质,38(4):771-791.

刘英俊,曹励明,李兆麟,等,1984.元素地球化学[M].北京:科学出版社.

龙文国,金巍,王晶,等,2021.湘东北浏阳文家市地区新元古代混杂岩形成时代的厘定[J].华南地质,37(4):458-463.

罗献林,1990.论湖南前寒武系金矿床的成矿物质来源[J].桂林冶金地质学院学报,10(1):13-26.

吕林素,李宏博,周振华,等,2017.吉林红旗岭富家矿床矿石矿物化学和硫同位素特征:对铜镍硫化物矿床成因及成矿过程的约束[J].地球学报,38(2):193-207.

马铁球,陈立新,柏道远,等,2009.湘东北新元古代花岗岩体锆石SHRIMP U-Pb年龄及地球化学特征[J].中国地质,36(1):65-73.

马铁球,陈俊,郭乐群,等,2010.湘东北临湘地区钾质煌斑岩^{40}Ar-^{39}Ar定年及其地球化学特征[J].中国地质,37(1):56-63.

毛景文,李红艳,徐钰,等,1997.湖南万古地区金矿地质与成因[M].北京:原子能出版社.

宁钧陶,2002.湘东北原生钴矿成矿地质条件分析[J].湖南地质,(3):192-195,200.

宁钧陶,黄宝亮,董国军,等,2023.湘东北热液型钴矿床中含钴矿物特征及其对成矿的指示意义[J].黄金科学技术,31(4):531-545.

彭和求,唐晓珊,郭乐群,2002.雪峰山东段:连云山杂岩区域变质特征及岩石圈深部作用信息[J].资源调查与环境,23(4):235-243.

钱壮志,段俊,冯延清,等,2015.中国铜镍(铂族)岩浆硫化物矿床主要成矿构造背景[J].中国工程科学,17(2):19-28.

秦克章,丁奎首,许英霞,等,2007.东天山图拉尔根、白石泉铜镍钴矿床钴、镍赋存状态及原岩含矿性研究[J].矿床地质,26(1):1-14.

邱根雷,汤中立,闫海卿,等,2011.金川超大型岩浆Cu-Ni-PEG矿床成矿背景探讨[J].矿物学报,31(S1):383-384.

邱正杰,范宏瑞,杨奎锋,等,2023.中条山古元古代沉积岩容矿型铜钴矿床钴来源及富集过程[J].岩石学报,39(4):1019-1029.

陕亮,2019.湘东北地区铜-铅-锌-钴多金属成矿系统[D].北京:中国地质大学(北京).

陕亮,庞迎春,柯贤忠,等,2019a.湖南省东北部地区桃江县木瓜园钨多金属矿成岩成矿时代及其对区域成矿作用的启示[J].地质科技情报,38(1):100-112.

陕亮,姜军胜,康博,等,2019b.湘东北地区主要有色金属矿床成矿物质来源:来自硫、铅同位素的证据[J].地质通报,38(5):884-900.

陕亮,黄啸坤,王川,等,2022.湘东北地区井冲钴铜矿床中辉砷钴矿的发现、成因及开发利用价值[J].中国地质,49(5):1705-1707.

陕亮,王川,康博,等,2024.江南造山带中段井冲钴铜矿床成矿时代、流体性质与成矿模式[J/OL].大地构造与成矿学. https://doi.org/10.16539/j.ddgzyckx.2024.01.12.

沈渭洲,凌洪飞,李武显,等,1999.中国东南部花岗岩类Nd-Sr同位素研究[J].高校地质学报,5(1):22-32.

单鹏飞,曹明坚,赵玉锁,等,2023.黑龙江金厂斑岩型富钴矿床钴赋存状态和富集规律研究[J].岩石学报,39(4):1157-1171.

苏本勋,秦克章,蒋少涌,等,2023.我国钴镍矿床的成矿规律、科学问题、勘查技术瓶颈与研究展望[J].岩石学报,39(4):968-980.

谭满堂,龙文国,魏运许,等,2022.湘东北仓溪岩群锆石 U-Pb 年龄及新元古代弧盆系演化[J].华南地质,38(1):120-134.

汤中立,1996.中国岩浆硫化物矿床的主要成矿机制[J].地质学报,70(3):237-243.

陶诗龙,赖健清,黄敏,2015.青海肯德可克矿床硫、铅同位素特征及成因意义[J].矿物学报,35(S1):719.

田丰,王可勇,梁一鸿,等,2017.吉林省大横路钴铜矿床地质特征及成矿流体来源讨论[J].西北地质,50(2):167-177.

王辉,丰成友,张明玉,2019.全球钴矿资源特征及勘查研究进展[J].矿床地质,38(4):739-750.

王京,石香江,王寿成,等,2019.未来中国钴资源需求预测[J].中国国土资源经济,32(10):28-33.

王连训,马昌前,张金阳,等,2008.湘东北早白垩世桃花山—小墨山花岗岩体岩石地球化学特征及成因[J].高校地质学报,14(3):334-349.

王硕,许源,单鹏飞,等,2024.西藏冈底斯成矿带矽卡岩矿床钴赋存状态及富集特征[J].地质学报,98(1):163-180.

王孝磊,周金城,陈昕,等,2017.江南造山带的形成与演化[J].矿物岩石地球化学通报,36(5):714-735+696.

王艳,马昌前,王连训,等,2018.扬子东南缘新元古代花岗岩的锆石 U-Pb 年代学、地球化学和 Sr-Nd-Hf 同位素:对地壳生长的约束[J].地球科学,43(3):635-654.

王玉往,陈伟民,李德东,等,2016.内蒙古嘎仙钴镍硫化物矿床的地质特征及成因探讨[J].矿产勘查,7(1):72-81.

王智琳,许德如,邹凤辉,等,2015.湘东北井冲铜钴多金属矿成矿流体氦氩同位素示踪[J].矿物学报,35(S1):68-78.

王智琳,伍杨,许德如,等,2020.湘东北长沙-平江断裂带关键金属钴的赋存状态与成矿规律[J].黄金科学技术,28(6):779-785.

王智琳,李世相,许德如,等,2023.湘东北横洞钴矿床钴的富集机制:来自黄铁矿的微区结构、成分和硫同位素证据[J].岩石学报,39(9):2723-2740.

吴俊华,龚敏,周雪桂,等,2023.赣南小坑超大型高岭土矿床原岩时代及源区:锆石及独居石 U-Pb 年代学及 Hf 同位素制约[J].地球科学,48(9):3245-3257.

熊松泉,康志强,冯佐海,等,2015.广西大瑶山地区大进岩体的锆石 U-Pb 年龄、地球化学特征及其意义[J].桂林理工大学学报,35(4):736-746.

徐国风,邵洁涟,1980.黄铁矿的标型特征及其实际意义[J].地质论评,26(6):541-546.

许德如,王力,李鹏春,等,2009.湘东北地区连云山花岗岩的成因及地球动力学暗示[J].岩石学报,25(5):1056-1078.

许德如,邓腾,董国军,等,2017.湘东北连云山二云母二长花岗岩的年代学和地球化学特征:对岩浆成因和成矿地球动力学背景的启示[J].地学前缘,24(2):104-122.

许德如,邹凤辉,宁钧陶,等,2017.湘东北地区地质构造演化与成矿响应探讨[J].岩石学报,33(3):695-715.

徐夕生,周新民,王德滋,1999.壳幔作用与花岗岩成因:以中国东南沿海为例[J].高校地质学报,5(3):241-250.

薛步高,1995.东川式铜矿伴生组分地质特征[J].地质与勘探,31(3):31-37.

薛步高,1996.论易门铜矿区叠加钴矿化地质特征[J].矿产与地质,(6):29-35.

薛步高,2009.云南镍矿地质特征及找矿前景[J].化工矿产地质,31(2):76-84.

颜志强,李恋宇,谢鹏峰,等,2018.湖南省井冲铜钴矿床"三位一体"成矿作用特征分析[J].世界有色金属,18(4):88+90.

杨奇荻,黄啸坤,李堃,等,2023.广西金秀龙华镍钴矿床矿石结构及其对矿床成因的启示[J].华南地质,39(4):601-616.

杨雪,张玉芝,崔翔,等,2020.湘东北新元古界冷家溪群沉积岩的地球化学特征和碎屑锆石U-Pb年代学[J].地球科学,45(9):3461-3474.

姚宇军,马铁球,周柯军,等,2012.湘东北地区石蛤蟆花岗岩体SHRIMP U-Pb年龄及地球化学特征[J].资源调查与环境,33(2):77-85.

叶霖,高伟,杨玉龙,等,2012.云南澜沧老厂铅锌多金属矿床闪锌矿微量元素组成[J].岩石学报,28(5):1362-1372.

易祖水,罗小亚,周东红,等,2010.浏阳市井冲钴铜多金属矿床地质特征及成因浅析[J].华南地质与成矿,26(3):12-18.

印修章,胡爱珍,2004.以闪锌矿标型特征浅论豫西若干铅锌矿成因[J].物探与化探,28(5):413-414+417.

张菲菲,王岳军,范蔚茗,等,2010.湘东—赣西地区早古生代晚期花岗岩体的LA-ICPMS锆石U-Pb定年研究[J].地球化学,39(5):414-426.

张洪瑞,侯增谦,杨志明,等,2020.钴矿床类型划分初探及其对特提斯钴矿带的指示意义[J].矿床地质,39(3):501-510.

张鲲,胡俊良,徐德明,2012.湖南桃林铅锌矿区花岗岩地球化学特征及其与成矿的关系[J].华南地质与矿产,28(4):307-314.

张鲲,徐德明,胡俊良,等,2015.湘东北三墩铜铅锌多金属矿岩浆热液成因:稀土元素和硫同位素证据[J].华南地质与矿产,31(3):253-260.

张鲲,徐德明,胡俊良,等,2017.湘东北三墩铜铅锌矿区花岗岩的岩石成因:锆石 U-Pb 测年、岩石地球化学和 Hf 同位素约束[J].地质通报,36(9):1591-1600.

张鲲,徐德明,宁钧陶,等,2019.湘东北井冲钴铜矿区连云山花岗岩的岩石成因:锆石 U-Pb 年龄、岩石地球化学和 Hf 同位素约束[J].岩石矿物学杂志,38(1):21-33.

张铭杰,班舒悦,李思奥,等,2020.新疆图拉尔根镁铁—超镁铁质杂岩体镍铜钴成矿岩浆作用过程:流体化学与碳同位素组成制约[J].岩石学报,36(12):3673-3682.

张世红,蒋干清,董进,等,2008.华南板溪群五强溪组 SHRIMP 锆石 U-Pb 年代学新结果及其构造地层学意义[J].中国科学 D 辑,38(12):1496-1503.

张文山,1991.湘东北长沙-平江断裂动力变质带的构造及地球化学特征[J].大地构造与成矿学,15(2):100-109.

张岳桥,董树文,李建华,等,2012.华南中生代大地构造研究新进展[J].地球学报,33(3):257-279.

赵俊兴,李光明,秦克章,等,2019.富含钴矿床研究进展与问题分析[J].科学通报,64(24):2484-2500.

中华人民共和国自然资源部,2016.全国矿产资源规划(2016—2020)[M].北京:地质出版社.

中华人民共和国自然资源部,2021.中国矿产资源报告[M].北京:地质出版社.

钟鸣,宁钧陶,黄宝亮,2021.湘东北井冲钴铜矿"三位一体"成矿地质特征及找矿方向探讨[J].国土资源导刊,18(2):46-51.

周芳春,黄志飚,刘翔,等,2020.湖南仁里铌钽矿床辉钼矿 Re-Os 同位素年龄及其地质意义[J].大地构造与成矿学,44(3):476-485.

周岳强,康博,2017.湖南省井冲铜钴多金属矿床成矿流体特征研究[J].矿物岩石地球化学通报,36:26.

周岳强,许德如,董国军,等,2019.湖南长沙-平江断裂带构造演化及其控矿作用[J].东华理工大学学报(自然科学版),42(3):201-208.

周岳强,董国军,许德如,等,2021.湖南黄金洞金矿床白钨矿 Sm-Nd 年龄及其地质意义[J].地球化学,50(4):381-397.

周云,李堃,于玉帅,等,2023.广西金秀县龙华镍钴矿床成矿流体性质、来源及演化[J].华南地质,39(3):558-570.

邹凤辉,2016.湘东北横洞钴矿床成因矿物学和成矿流体研究[D].北京:中国科学院大学.

AHMED A H,ARAI S,IKENNE M,2009. Mineralogy and paragenesis of the Co-Ni arsenide ores of Bou Azzer,Anti-Atlas,Morocco[J]. Economic Geology,104(2):249-266.

BELISSONT R,MUNOZ M,BOIRON M C,et al.,2016. Distribution and oxidation state of Ge,Cu and Fe in sphalerite by mu-XRF and K-edge mu-XANES:Insights into Ge incorporation, partitioning and isotopic fractionation[J]. Geochimica et Cosmochimica Acta,177: 298-314.

BRAND N W, BUTT C R M, ELIAS M, 1998. Nickle laterites-classification and features[J]. AGSO Journal of Australian Geology and Geophysics,17(4): 181-183.

BREMS D, MUCHEZ P, SIKAZWE O, et al. , 2009. Metallogenesis of the Nkana copper-cobalt South orebody, Zambia[J]. Journal of African Earth Sciences, 55(3): 185-196.

BURNARD P G, HU R Z, TURNER G, et al. ,1999. Mantle, crust and atmospheric noble gases in Ailaoshan gold deposits, Yunnan Province, China[J]. Geochimica et Cosmochimica Acta,63(10): 1595-1604.

BURISCH M, MARKS M A W, NOWAK M, et al. ,2016. The effect of temperature and cataclastic deformation on the composition of upper crustal fluids: An experimental approach[J]. Chemical Geology,433: 24-35.

BUTT C R M, CLUZEL D, 2013. Nickel laterite ore deposit: Weathered serpentinites[J]. Elements,9(2): 123-128.

CAILTEUX J L H, KAMPUNZU A B, LEROUGE C, et al. , 2005. Genesis of sediment-hosted stratiform copper-cobalt deposits, central African Copperbelt[J]. Journal of African Earth Sciences,42(1-5): 134-158.

CHAMBERS L A,1982. Sulfur isotope study of a modern intertidal environment, and the interpretation of ancient sulfides[J]. Geochimica et Cosmochimica Acta, 46 (5): 721-728.

CHAPPELL B W, WHITE A J R, 1974. Two contrasting granite types[J]. Pacific Geology,8: 173-174.

CHAPPELL B W, WHITE A J R, 2001. Two contrasting granite types: 25 years later [J]. Australian Journal of Earth Sciences,48(4): 489-499.

CHAUSSIDON M, ALBAREDE F, SHEPPARD S M F, 1987. Sulphur isotope heterogeneity in the mantle from ion microprobe measurements of sulphide inclusions in diamonds[J]. Nature,330: 242-244.

CHEN J F, JAHN B M, 1998. Crustal evolution of southeastern China: Nd and Sr isotopic evidence[J]. Tectonophysics,284(1-2): 101-133.

CLAYTON R N, O'NEIL J R, MAYEDA T K, 1972. Oxygen isotope exchange between quartz and water[J]. Journal of Geophysical Research,77: 3057-3067.

COLLINS W J, BEAMS S D, WHITE A J R, et al. ,1982. Nature and origin of atype granites with particular reference to southeastern Australia [J]. Contributions to Mineralogy and Petrology,82(2): 189-200.

COOK N J, CIOBANU C L, PRING A, et al., 2009. Trace and minor elements in sphalerite: A LA-ICPMS study[J]. Geochimica et Cosmochimica Acta, 73(16): 4761-4791.

DEDITIUS A P, REICH M, KESLER S E, et al., 2014. The coupled geochemistry of Au and As in pyrite from hydrothermal ore deposits[J]. Geochimica et Cosmochimica Acta, 140: 644-670.

DENG T, XU D R, CHI G X, et al., 2017. Geology, geochronology, geochemistry and ore genesis of the Wangu gold deposit in northeastern Hunan Province, Jiangnan Orogen, South China[J]. Ore Geology Reviews, 88: 619-637.

DING T P, YONGE C, PENG Z C, 1986. Oxygen, hydrogen and lead isotope studies of the Taolin lead-zinc ore deposit, China[J]. Economic Geology, 81(2): 421-429.

DUAN D F, JIANG S Y, 2017. In situ major and trace element analysis of amphiboles in quartz monzodiorite porphyry from the Tonglvshan Cu-Fe(Au) deposit, Hubei Province, China: Insights into magma evolution and related mineralization[J]. Contributions to Mineralogy and Petrology, 172(5): 36–43.

EL DESOUKY H A, MUCHEZ P, BOYCE A J, et al., 2009. Genesis of sediment-hosted stratiform copper-cobalt mineralization at Luiswishi and Kamoto, Katanga copperbelt (Democratic Republic of Congo)[J]. Mineralium Deposita, 45(8): 735-763.

ELDRIDGE C S, COMPSTON W, WILLIAMS I S, et al., 1991. Isotope evidence for the involvement of recycled sediments in diamond formation[J]. Nature, 353(12): 649-653.

ENGLISH J M, JOHNSTON S T, 2004. The Laramide orogeny: What were the driving forces? [J]. International Geology Review, 46(9): 833-838.

ENGLISH J M, JOHNSTON S T, WANG K L, 2003. Thermal modelling of the Laramide orogeny: Testing the flat-slab subduction hypothesis[J]. Earth and Planetary Science Letters, 214(3-4): 619-632.

FAY I, BARTON M D, 2012. Alteration and ore distribution in the Proterozoic Mines Series, Tenke-Fungurume Cu-Co district, Democratic Republic of Congo[J]. Mineralium Deposita, 47(5): 501-519.

FENG C Y, ZHANG D Q, 2004. Cobalt deposits of China: Classification, distribution and major advances[J]. Acta Geologica Sinica, 78(2): 352-357.

FREYSSINET P, BUTT C R M, MORRIS R C, et al., 2005. Ore-forming processes related to lateritic weathering[J]. Economic Geology, 32(7): 681-722.

GAN J, WANG Z L, PENG E K, et al., 2023. Cobalt mineralization in the Northeastern Hunan Province of South China: New evidence from the Jintang hydrothermal Co polymetallic ore district[J]. Ore Geology Reviews, 163(6): 105799.

GAUDIN A, DECARREAU A, NOACK Y, et al., 2005. Clay mineralogy of the nickel laterite ore developed from serpentinised peridotites at Murrin Murrin, Western Australia [J]. Australia Journal of Earth Sciences, 52(2): 231-241.

GUILCHER M, SCHMAUCKS A, KRAUSE J, et al., 2021. Vertical zoning in hydrothermal U-Ag-Bi-Co-Ni-As systems: A case study from the Annaberg-Buchholz District, Erzgebirge(Germany)[J]. Economic Geology, 116(8): 1893-1915.

GULLEY A L, MCCULLOUGH E A, SHEDD K B, 2019. China's domestic and foreign influence in the global cobalt supply chain[J]. Resources Policy, (62): 317-323.

HALL D L, STERNER S M, BODNAR R J, 1988. Freezing point depression of NaCl-KCl-H_2O solutions[J]. Economic Geology, 83(1): 197-202.

HAN Y X, LIU Y H, LI W Y, 2021. Mineralogy of nickel and cobalt minerals in Xiarihamu nickel-cobalt deposit, east Kunlun Orogen, China[J]. Frontiers in Earth Science, 8: 597469.

HAYES T S, COX D P, PIATAK N M, et al., 2015. Sediment-hosted stratabound copper deposit model[R]. Virginia: U. S. Geological Survey.

HITZMAN M, KIRKHAM R, BROUGHTON D, et al., 2005. The sediment-hosted stratiform copper ore system[J]. Economic Geology: 609-642.

HU D L, JIANG S Y, DUAN D F, et al., 2021. Fluid origin and evolution of the Ruanjiawan W-Cu-(Mo) deposit from the Edong District in the Middle-Lower Yangtze River metallogenic belt of China: Constraints from fluid inclusions and H-O-C-S isotopes [J]. Ore Geology Reviews, 139(8): 104428.

HUANG M, LAI J Q, MO Q Y, 2014. Fluid inclusions and metallization of the Kendekeke polymetallic deposit in Qinghai Province, China[J]. Acta Geological Sinica-English Edition, 88(2): 570-583.

HUANG W T, WU J, LIANG H Y, et al., 2020. Geology, geochemistry and genesis of the Longhua low-temperature hydrothermal Ni-Co arsenide deposit in sedimentary rocks, Guangxi, South China[J]. Ore Geology Reviews, 120: 103393.

JI W B, LIN W, FAURE M, et al., 2017. Origin of the Late Jurassic to Early Cretaceous peraluminous granitoids in the northeastern Hunan Province(middle Yangtze Region), South China: Geodynamic implications for the Paleo-Pacific subduction[J]. Journal of Asian Earth Sciences, 141(S1): 174-193.

JI W B, FAURE M, LIN W, et al., 2018. Multiple emplacement and exhumation history of the Late Mesozoic Dayunshan-Mufushan batholith in southeast China and its tectonic significance: 1. Structural analysis and geochronological constraints[J]. Journal of Geophysical Research: Solid Earth, 123(1): 689-710.

JIANG J,ZHU Y,2017. Geology and geochemistry of the Jianchaling hydrothermal nickel deposit: T-pH-f_{O_2}-f_{S_2} conditions and nickel precipitation mechanism[J]. Ore Geology Reviews,91: 216-235.

JIANG S Y,CHEN Y Q,LING H F,et al.,2006. Trace-and rare-earth element geochemistry and Pb-Pb dating of black shales and intercalated Ni-Mo-PEG-Au sulfide ores in Lower Cambrian strata,Yangtze Platform,South China[J]. Mineralium Deposita,41(5): 453-467.

KAPLAN I R,HULSTON J R,1966. The isotopic abundance and content of sulfur in meteorites[J]. Geochimica Et Cosmochimica Acta,30(5): 479-496.

LI H,KONG H,ZHOU Z K,et al.,2019. Ore-forming material sources of the Jurassic Cu-Pb-Zn mineralization in the Qin-Hang ore belt,South China: Constraints from S-Pb isotopes[J]. Geochemistry,79(2): 280-306.

LI J H,ZHANG Y Q,DONG S W,et al.,2013. The Hengshan low-angle normal fault zone: Structural and geochronological constraints on the Late Mesozoic crustal extension in South China[J]. Tectonophysics,606(SI): 97-115.

LI J H,DONG S W,ZHANG Y Q,et al.,2016a. New insights into Phanerozoic tectonics of south China: Part 1,polyphase deformation in the Jiuling and Lianyunshan domains of the central Jiangnan Orogen[J]. Journal of Geophysical Research: Solid Earth,121(4): 3048-3080.

LI M,ZHENG Y Y,FENG Q L,et al.,2020a. Ore genesis of skarn mineralization in continental collision orogens: A case study from the Pusangguo Co-bearing Cu-Pb-Zn deposit in Tibet[J]. Ore Geology Reviews,122: 103523.

LI P,LI J K,LIU X,et al.,2020b. Geochronology and source of the rare-metal pegmatite in the Mufushan Area of the Jiangnan Orogenic Belt: A case study of the giant Renli Nb-Ta deposit in Hunan,China[J]. Ore Geology Reviews,116: 103237.

LI X F,HUANG C,WANG C Z,et al.,2016c. Genesis of the Huangshaping W-Mo-Cu-Pb-Zn polymetallic deposit in Southeastern Hunan Province,China: Constraints from fluid inclusions,trace elements,and isotopes[J]. Ore Geology Reviews,79: 1-25.

LI X H,MCCULLOCH M T,1996. Secular variation in the Nd isotopic composition of Neoproterozoic sediments from the southern margin of the Yangtze Block: Evidence for a proterozoic continental collision in southeast China[J]. Precambrian Research,76(1-2): 67-76.

LI Y J,WEI J H,SANTOSH M,et al.,2016b. Geochronology and petrogenesis of Middle Permian S-type granitoid in southeastern Guangxi Province,South China: Implications for closure of the eastern Paleo-Tethys[J]. Tectonophysics,682: 1-16.

LI Y J,WEI J H,TAN J,et al.,2020c. Albian-Cenomanian A-type granite-related Ag-Pb-Zn veins in the central Yidun Terrane,SW China: constraints from the Xiasai deposit [J]. Mineralium Deposita,55(6): 1047-1070.

LI Y J,WEI J H,CHEN M T,et al.,2023. Molybdenum mineralization genetically linked with magmatism at the Shipingchuan deposit,SE China[J]. GSA Bulletin,135(11/12): 3112-3127.

LI Y J,JI H,XIONG J J,et al.,2024. Micro-textures,in-situ trace elemental and sulfur isotopic analyses for pyrite and pyrrhotite from the Xiasai Ag-Pb-Zn-Sn deposit, central Yidun Terrane(SW China): Implication for ore formation[J]. Ore Geology Reviews,165: 105913.

LIU W,BORG S J,TESTEMALE D,et al.,2011. Speciation and thermodynamic properties for cobalt chloride complexes in hydrothermal fluids at 35~440℃ and 600 bar: An in-situ XAS study[J]. Geochimica Et Cosmochimica Acta,75: 1227-1248.

LóPEZ L,ECHEVESTE H,RIOS F J,et al.,2022. Metallogenesis of Ni-Co-Fe arsenide type mineralization in the Purísima-Rumicruz deposit,Jujuy,Argentina[J]. Journal of South American Earth Sciences,117: 103869.

MANIAR P D,PICCOLI P M,1989. Tectonic discrimination of granitoids[J]. Geological Society of America Bulletin,101(5): 635-643.

MARKL G,BURISCH M,NEUMANN U,2016. Natural fracking and the genesis of five-element veins[J]. Mineralium Deposita,51(6): 703-712.

MASLENNIKOV V V,MASLENNIKOV S P,LARGE R,et al.,2009. Study of trace element zonation in Vent Chimneys from the Silurian Yaman-Kasy volcanic-hosted massive sulfide deposit(Southern Urals,Russia) using laser ablation-inductively coupled plasma mass spectrometry(LA-ICPMS)[J]. Economic Geology,104(8): 1111-1141.

MENG Y M,HU R Z,HUANG X W,et al.,2018. The relationship between stratabound Pb-Zn-Ag and porphyry-skarn Mo mineralization in the Laochang deposit, southwestern China: Constraints from pyrite Re-Os isotope,sulfur isotope,and trace element data[J]. Journal of Geochemical Exploration,194: 218-238.

MIDDLEMOST E A K,1994. Naming materials in the magma/igneous rock system [J]. Earth-Science Reviews,37: 215-224.

MIGDISOV A A,ZEZIN D,WILLIAMS-JONES A E,2011. An experimental study of cobalt(II) complexation in Cl^- and H_2S-bearing hydrothermal solutions[J]. Geochim Cosmochim Acta,75: 4065-4079.

MONSTER J,ANDERS E,THODE H G,1965. $^{34}S/^{32}S$ rations for the different forms of sulphur in the Orgueil meteorite and their mode of formation[J]. Geochimica Et

Cosmochimica Acta,29(7):773-779.

NALDRETT A J,2004. Magmatic sulfide deposits-Geology, geochemistry, and exploration[M]. Berlin:Spring Verlag.

NALDRETT A J,ASIF M,KRSTIC S,et al.,2000. The composition of mineralization at the Voisey's Bay Ni-Cu sulfide deposit, with special reference to platinum-group elements[J]. Economic Geology,95(4):845-865.

OHMOTO H,1972. Systematics of sulfur and carbon isotopes in hydrothermal ore deposits[J]. Economic Geology,67(5):551-578.

PAPOUTSA A,PE-PIPER G,PIPER D J W,2016. Systematic mineralogical diversity in A-type granitic intrusions:Control of magmatic source and geological processes[J]. Geological Society of America Bulletin,128(3-4):487-501.

PECCERILLO A,TAYLOR E R,1976. Geochemistry of eocene calc-alkaline volcanic rocks from the Kastamonu Area, Northern Turkey[J]. Contributions to Mineralogyand Petrology,58(1):63-81.

PENG E K,KOLB J,WALTER B F,et al.,2023. New insights on the formation of the Jingchong Cu-Co-Pb-Zn deposit,South China:Evidence from sphalerite mineralogy and muscovite ^{40}Ar-^{39}Ar dating[J]. Ore Geology Reviews,162:105667.

PENG H J,MAO J W,HOU L,et al.,2016. Stable isotope and fluid inclusion constraints on the source and evolution of ore fluids in the Hongniu-Hongshan Cu skarn deposit,Yunnan Province,China[J]. Economic Geology,111(6):1369-1396.

PIDGEON R T,AFTALION M,1978. Cogenetic and inherited zircon U-Pb systems in Palaeozoic granites from Scotland and England[M]. Lwake:Seel House Press.

PUTNIS A,2002. Mineral replacement reactions:From macroscopic observations to microscopic mechanisms[J]. Mineralogical Magazine,66(5):689-708.

PUTNIS A, TSUKAMOTO K, NISHIMURA Y, 2005. Direct observations of pseudomorphism:Compositional and textural evolution at a fluid-solid interface[J]. American Mineralogist,90(11-12):1909-1912.

REES C E,JENKINS W J,MONSTER J,1978. The sulphur isotopic composition of ocean water sulphate[J]. Geochimica Et Cosmochimica Acta,42(4):377-381.

RYE R O,OHMOTO H,1974. Sulfur and carbon isotopes and ore genesis:A review [J]. Economic Geology,69(6):826-842.

SCHARRER M, KREISSL S, MARKL G, 2019. The mineralogical variability of hydrothermal native element-arsenide (five-element) associations and the role of physicochemical and kinetic factors concerning sulfur and arsenic[J]. Ore Geology Reviews,113:103025.

SCHARRER M, EPP T, WALTER B, et al., 2022. The formation of (Ni-Co-Sb)-Ag-As ore shoots in hydrothermal galena-sphalerite-fluorite veins[J]. Mineralium Deposita, 57(5): 853-885.

SCHULZ K J, DEYOUNG J H, SEAL R R, et al., 2017. Critical mineral resources of the United States—Economic and environment geology and prospects for future supply[R]. Virginia: U. S. Geological Survey.

SEAL R R, 2006. Sulfur isotope geochemistry of sulfide minerals[J]. Reviews in Mineralogy and Geochemistry, 61(1): 633-677.

SMITH W D, MAIER W D, BLISS I, et al., 2021. In situ multiple sulfur isotope and S/Se composition of magmatic sulfide occurrences in the Labrador Trough, northern Quebec[J]. Economic Geology, 116(7): 1669-1686.

SHAN L, LI Y J, JIANG J S, et al., 2023. Magmatism and mineralization of the Taolin Pb-Zn-Cu deposit in the Mufushan Area, central Jiangnan Orogen (South China): Insights from zircon U-Pb and sphalerite Rb-Sr geochronology, and H-O-S-Pb isotope geochemistry[J]. Ore Geology Reviews, 153: 105266.

STUART F M, BURNARD P G, TAYLOR R P, et al., 1995. Resolving mantle and crustal contributions to ancient hydrothermal fluids: He-Ar isotopes in fluid inclusions from Dse Hwa W-Mo mineralization, South Korea[J]. Geochimica Et Cosmochimica Acta, 59(22): 4663-4673.

SUN S S, MCDONGOUGH W F, 1989. Chemical and isotopic systematics of oceanic basalts: Implications for mantle composition and processes[J]. Geological Society London Special Publications, 42(1): 313-345.

SYLVESTER P J, 1998. Post-collisional strongly peraluminous granites[J]. Lithos, 45(1-4): 29-44.

TANG Q Y, BAO J, DANG Y X, et al., 2018. Mg-Sr-Nd isotopic constraints on the genesis of the giant Jinchuan Ni-Cu-(PEG) sulfide deposit, NW China[J]. Earth And Planetary Science Letters, 502: 221-230.

TAYLOR H P, 1974. The application of oxygen and hydrogen isotope studies to problems of hydrothermal alteration and ore deposition[J]. Economic Geology, 69(6): 843-883.

TAYLOR S R, MCLENNAN S M, 1995. The geochemical evolution of the continental crust[J]. Reviews of geophysics, 33(2): 241-265.

TAYLOR H P, SHEPPARD S M F, 1986. Igneous rocks I, Processes of isotopic fractionation and isotope systematics[J]. Reviews in Mineralogy and Geochemistry, 16(1): 227-271.

TRETIAKOVA I G, BORISENKO A S, LEBEDEV V I, et al., 2010. Cobalt mineralization in the Altai-Sayan Orogen: Age and correlation with magmatism[J]. Russian Geology and Geophysics, 51(9): 1078-1090.

VASYUKOVA O V, WILLIAMS-JONES A E, 2022. Constraints on the genesis of cobalt deposits: Part Ⅱ. Applications to natural systems[J]. Economic Geology, 117(3): 529-544.

VERMEESCH P, 2018. IsoplotR: A free and open toolbox for geochronology[J]. Geoscience Frontiers, 9(5): 1479-1493.

WANG J Q, SHU L S, SANTOSH M, 2016. Petrogenesis and tectonic evolution of Lianyunshan Complex, South China: Insights on Neoproterozoic and late Mesozoic tectonic evolution of the central Jiangnan Orogen[J]. Gondwana Research, 39: 114-130.

WANG J Q, SHU L S, SANTOSH M, 2017. U-Pb and Lu-Hf isotopes of detrital zircon grains from Neoproterozoic sedimentary rocks in the central Jiangnan Orogen, South China: Implications for Precambrian crustal evolution[J]. Precambrian Research, 294: 175-188.

WANG K Y, SONG X Y, YI J N, et al., 2019. Zoned orthopyroxenes in the Ni-Co sulfide ore-bearing Xiarihamu mafic-ultramafic intrusion in northern Tibetan Plateau, China: Implications for multiple magma replenishments[J]. Ore Geology Reviews, 113: 103082.

WANG L X, MA C Q, ZHANG C, et al., 2014a. Genesis of leucogranite by prolonged fractional crystallization: A case study of the Mufushan Complex, South China[J]. Lithos, 206-207: 147-163.

WANG X L, ZHOU J C, GRIFFIN W L, et al., 2014b. Geochemical zonation across a Neoproterozoic orogenic belt: Isotopic evidence from granitoids and metasedimentary rocks of the Jiangnan Orogen, China[J]. Precambrian Research, 242: 154-171.

WANG Y J, FAN W M, LI C M, 2003. Geochemistry of mesozoic mafic rocks adjacent to the Chenzhou-Linwu Fault, South China: Implications for the lithospheric boundary between the Yangtze and Cathaysia blocks[J]. International Geology Review, 45(3): 263-286.

WANG Z L, XU D R, ZHANG Z C, et al., 2015. Mineralogy and trace element geochemistry of the Co-and Cu-bearing sulfides from the Shilu Fe-Co-Cu ore district in Hainan Province of South China[J]. Journal of Asian Earth Sciences, 113: 980-997.

WANG Z L, XU D R, CHI G X, et al., 2017. Mineralogical and isotopic constraints on the genesis of the Jingchong Co-Cu polymetallic ore deposit in northeastern Hunan Province, South China[J]. Ore Geology Reviews, 88: 638-654.

WANG Z L, WANG Y F, PENG E K, et al., 2022. Micro-textural and chemical fingerprints of hydrothermal cobalt enrichment in the Jingchong Co-Cu polymetallic deposit, South China[J]. Ore Geology Reviews, 142: 104721.

WARD J, MAVROGENES J, MURRAY A, et al., 2017. Trace element and sulfur isotopic evidence for redox changes during formation of the Wallaby Gold Deposit, Western Australia[J]. Ore Geology Reviews, 82: 31-48.

WELLS M A, RAMANAIDOU E R, VERRALL M, et al., 2009. Mineralogy and crystal chemistry of "garnierites" in the Goro lateritic nickel deposit, New Caledonia[J]. European Journal of Mineralogy, 21(2): 467-483.

WHALEN J B, CURRIE K L, CHAPPELL B W, et al., 1987. A-type Granites: Geochemical characteristics, discrimination and petrogenesis[J]. Contributions to Mineralogy and Petrology, 95(4): 407-419.

WILLIAMS-JONES A E, VASYUKOVA O A, 2022. Constraints on the genesis of cobalt deposits: Part I. Theoretical considerations[J]. Economic Geology, 117(3): 513-528.

WU Y F, LI J W, EVANS K, et al., 2018. Ore-forming processes of the Daqiao Epizonal Orogenic gold deposit, West Qinling Orogen, China: Constraints from textures, trace elements, and sulfur isotopes of pyrite and marcasite, and Raman spectroscopy of carbonaceous material[J]. Economic Geology, 113(5): 1093-1132.

WU Y F, FOUGEROUSE D, EVANS K, et al., 2019. Gold, arsenic, and copper zoning in pyrite: A record of fluid chemistry and growth kinetics[J]. Geology, 47(7): 641-644.

WU Y F, EVANS K, HU S Y, et al., 2021. Decoupling of Au and As during rapid pyrite crystallization[J]. Geology, 49(7): 827-831.

XI A H, GE Y H, CAI Y F, et al., 2007. Magnetic mineralogy of the Hongqiling Cu-Ni sulfide deposit: Implications for genesis[J]. Progress in Natural Science-Materials International, 17(10): 1192-1198.

XIAN H B, ZHANG S H, LI H Y, et al., 2020. Geochronological and palaeomagnetic investigation of the Madiyi Formation, lower Banxi Group, South China: Implications for Rodinia reconstruction[J]. Precambrian Research, 336: 105494.

XIN W, SUN F Y, LI L, et al., 2018. The Wulonggou metaluminous A2-type granites in the Eastern Kunlun Orogenic Belt, NW China: Rejuvenation of subduction-related felsic crust and implications for post-collision extension[J]. Lithos, 312: 108-127.

XU D R, DENG T, CHI G X, et al., 2017. Gold mineralization in the Jiangnan Orogenic Belt of South China: Geological, geochemical and geochronological characteristics, ore deposit-type and geodynamic setting[J]. Ore Geology Reviews, 88: 565-618.

XU J W,LAI J Q,LI B,et al.,2020. Tungsten mineralization during slab subduction: A case study from the Huxingshan deposit in northeastern Hunan Province,South China[J]. Ore Geology Reviews,124: 103657.

YAN D P,ZHOU M F,SONG H L,et al.,2003. Origin and tectonic significance of a Mesozoic multi-layer over-thrust system within the Yangtze Block (South China)[J]. Teconophysics,361(3-4): 239-254.

YE L,COOK N J,CIOBANU C L,et al.,2011. Trace and minor elements in sphalerite from base metal deposits in South China: A LA-ICPMS study[J]. Ore Geology Reviews,39(4): 188-217.

YU D S,XU D R,ZHAO Z X,et al.,2020. Genesis of the Taolin Pb-Zn deposit in northeastern Hunan Province,South China: Constraints from trace elements and oxygen-sulfur-lead isotopes of the hydrothermal minerals[J]. Mineralium Deposita,55(7): 1467-1488.

YU D S,XU D R,WANG Z L,et al.,2021. Trace element geochemistry and O-S-Pb-He-Ar isotopic systematics of the Lishan Pb-Zn-Cu hydrothermal deposit,NE Hunan,South China[J]. Ore Geology Reviews,133: 104091.

YUAN S D,MAO J W,ZHAO P L,et al.,2018. Geochronology and petrogenesis of the Qibaoshan Cu-polymetallic deposit,northeastern Hunan Province: Implications for the metal source and metallogenic evolution of the intracontinental Qinhang Cu-polymetallic belt,South China[J]. Lithos,302: 519-534.

ZARTMAN R E,DOE B R,1981. Plumbotectonics—the model[J]. Tectonophysics,75(1-2): 135-162.

ZHAO G C,2015. Jiangnan Orogen in South China: Developing from divergent double subduction[J]. Gandwana Research,27(3): 1173-1180.

ZHAO Y,XUE C J,LIU S A,et al.,2017. Copper isotope fraction during sulfide-magma differentiation in the Tulaergen magmatic Ni-Cu deposit,NW China[J]. Lithos,286: 206-215.

ZOU S H,ZOU F H,NING J T,et al.,2018. A stand-alone Co mineral deposit in northeastern Hunan Province,South China: Its timing,origin of ore fluids and metal Co,and geodynamic setting[J]. Ore Geology Reviews,92: 42-60.

ZHOU W J,HUANG D Z,YU Z Q,et al.,2023. Detrital zircon records of the Banxi Group in the Western Jiangnan Orogen: Implications for crustal evolution of the South China Craton[J]. Acta Geologica Sinica(English Edition),97(1): 35-54.